新型城镇化系列

中小城镇特色与风貌

Characteristics and Landscape of Small and Medium-sized Cities & Towns

韩林飞 编著

中国电力出版社

CHINA ELECTRIC POWER PRESS

内 容 提 要

本书从中小城镇特色与城镇风貌的基本概念入手，分别从中国中小城镇的定义、中国中小城镇特色与风貌的建设现状、中小城镇特色与城镇风貌即将面临的问题，以及这些潜在的原因分析、城镇特色与城镇风貌的实现策略与技术手段等几方面着手，结合实际案例，依托科学成熟的城镇发展机制和开发策略，运用城镇文脉延续、设计传承、空间句法等规划设计的相关方法对我国中小城镇特色和风貌问题进行剖析和传承重构，为中小城镇的特色发展和现代化演进提供进一步的可能性。

本书主要面向城乡规划和建筑学相关专业从业人员以及相关领域爱好者。

图书在版编目（CIP）数据

中小城镇特色与风貌 / 韩林飞编著 . — 北京 ：中国电力出版社，2017.8
（新型城镇化系列）

ISBN 978-7-5198-0068-0

Ⅰ . ①中…　Ⅱ . ①韩…　Ⅲ . ①中小城市—研究　Ⅳ . ① TU984

中国版本图书馆 CIP 数据核字（2016）第 285560 号

出版发行：中国电力出版社
地　　址：北京市东城区北京站西街 19 号（邮政编码 100005）
网　　址：http://www.cepp.sgcc.com.cn
责任编辑：梁　瑶　杨淑玲
责任校对：郝军燕
责任印制：单　玲

印　　刷：北京盛通印刷股份有限公司
版　　次：2017 年 8 月第 1 版
印　　次：2017 年 8 月北京第 1 次印刷
开　　本：700mm×1000mm　16 开本
印　　张：19.75
字　　数：317 千字
定　　价：78.00 元

序

Preface

　　呈现在读者面前的这本书，是中小城镇特色与风貌规划设计较具新意的研究成果，也是我国城市化进程中特色问题研究的一本好书，更是一部适应我国当前中小城镇通向现代化并带动城镇特色健康发展的学术专著。

　　自20世纪末以来，中国中小城镇发展速度举世瞩目，实现了从12%左右到45%左右高速的城镇化发展转变。截至2015年底，全国共有中小城镇2816个，占全国经济总量的84.5%，居世界第一位。中国城镇化完成了巨大的量变过程，实现了由传统农耕时代的小城镇向现代化中小城镇华丽转身，但城镇建设质量有待加强，城镇建设千篇一律、特色消失问题显著。

　　在世界范围内，各国都十分重视中小城镇特色建设的问题。美国虽然建国仅300余年，但对城镇历史特色的保护与塑造，对城镇自然景观的延续投入了巨大的精力，在城镇特色的研究、文化继承、建设投入方面一直雄居世界第一位；意大利、法国、德国、英国都是小城镇特色继承与现代化发展的先行者和佼佼者，欧洲的小城镇特色建设成绩斐然；自改革开放以来，我国开始加大中小城镇建设的力度，无论在城镇数量、核心区历史保护和特色现代化建设上，还是"大力发展中小城镇"的国家政策上，都取得了一定的突破性成绩。我国正凭借经济迅猛发展的实力、独立自主的现代化技术和科学创新成果，不断丰富完善着中小城镇建设的内涵。

　　韩林飞教授担任世界华人建筑师协会城市设计委员会主任委员，现任教的北京交通大学十分重视对中小城市的城市规划与设计研究工作，建立了专门的"城市设计研究中心"，以中心主任韩林飞教授为学术带头人的团队长期从事城市规划与设计研究工作，曾在俄罗斯、法国、意大利、荷兰、英国、美国等国家留学教书工作近十年，在世界著名的荷兰OMA事务所担任高级设计师，在法国铁路总公司SNCF下属的建筑设计公司AREP研修，学习了欧洲和美国先进的城市与建筑规划设计经验，并从2000年回国开始就主持了多项城市规划与建筑设计工作。他将多年理论研究和中小城镇规划设计实践工作的成果加工、提炼、编辑后著书出版。

书的第一、二章深入浅出地总结了中小城镇特色与城镇风貌的内涵，阐释了何为城镇特色与城镇风貌，以及缘何而来的问题，并且从城镇形态和布局、城镇建筑、城镇节点、景观绿化、城镇廊道、城镇界面和城镇轮廓线等方面总结了城镇特色与风貌。

第三章深刻分析了当前我国中小城镇建设的问题，从低层次的扩展、抛弃大于继承、危急时刻应当醒悟等方面深刻地指出了当前我国中小城镇的城镇特色与城镇风貌的建设困境与面临的尴尬问题；探讨了保护与发展、传统与现代、公共利益与经济效益、文化传承与现代文化创新等多方面的矛盾，强调小城镇特色与风貌不仅应大力继承、发扬光大，而且应该与现代化一致发展，这样在小城镇现代化的良好发展中才不能丢失地域城镇精神之魂。

第四章以"路漫漫其修远兮"为题，从继承与发展的基础、城镇形态起源的特色、历史背景现代解读、城镇特色与风貌自上而下的设计引导、自下而上的自发生成、特色要素的提取、基因图谱的作用、转化与利用、重点区域的控制等小城镇规划设计的技术层面论述了中小城镇特色与风貌的塑造是一项长期而艰巨的重任。

本书第五～八章从我国现行的城市规划设计的技术管理层面，从城市设计角度，通过可实施性的城市特色规划新途径，提出"片区"加"骨架"的城市特色发展结构，从宏观、中观和微观三个层面，按照骨架区域重点控制、片区范围一般引导的原则，对用地性质、开放空间、绿化系统、建筑高度、建筑风格、街区色彩等几个方面对特色规划编制控制导则，粗细结合、轻重缓急地展开对城镇特色的保护、塑造、强化，通过编制《城市特色管理手册》来衔接城市的开发建设与规划设计控制，达到便于实施操作的目的。通过编制《城市特色宣传手册》来架起政府与市民大众沟通的桥梁，达到引导公众参与的目的，这种自上而下加自下而上的"双向互动式"的实施模式使得研究成果能够为城市的发展建设提供具体的指导方针，并将这些指导方针纳入引导决策、监控和公众参与的进程中，使中小城镇的灵魂深入人的心灵。

本书在较为严谨的技术路线和科学方法的指导下，从宏观、中观和微观三个层面相结合的角度出发，采用以特色为导向的立体研究方法，创新分析城镇特色，塑造整体中各具特色、特色中彰显整体的城镇特色研究框架，是一个系统化、学术化的扬弃过程。城市特色保护与发展不是一朝一夕之事，需要多方面长期、共同的努力，希望在今后我国的城市特色研究中更多一些理性的思维与探索，更多一些实践和创新。

　　看完本书的初稿，我深切地感受到作者注重理论与实践紧密结合的学术追求。本书不仅可以直接应用在中小城镇特色规划设计与建设上，也可为城市规划设计理论研究提供参考。预祝本书的出版能对我国城市规划设计人员不断探索和完善符合我国国情、具有中国特色中小城镇特色规划与建设，推动中小城镇健康、可持续发展发挥积极作用。

　　特为序。

中国工程院院士
中国建筑勘察设计大师

前言

　　独一无二的存在，总能带来特别的感动；千篇一律的重复，适可引发难耐的厌烦。世间景象大抵如此，而城市作为文明的容器，则更是需要卓尔不群的特色。时隔37年，中央再次召开城市工作会议，为中国的城市发展描绘蓝图。而在未来城市的想象里，"各具特色"是一个鲜明的元素，也是一个引人注目的亮色。在时空的轮廓里，城市应该怎样标注自己的个性、涵养特色、传承记忆？正所谓，"规划科学是最大的效益，规划失误是最大的浪费，规划折腾是最大的忌讳"，科学的规划与设计，正是留住"城市特色"的关键。

　　城市特色不会凭空而来，它既是一个城市自然禀赋、建筑风格、园林特色等体现出的审美取向，也是一个城市文脉渊源、风土人情、人文面貌等蕴藏着的文化积淀。可以说，城市特色是历史与现实的融合，是传统与现代的交会，是物质文明与精神文明的邂逅，贯穿于城市总体风貌之中，也体现在市井生活之中。北京的胡同、苏州的园林、上海的外滩，这些令人心驰神往的"城市特色"，也正是一个城市最亮丽的名片。

　　漫步在俄罗斯莫斯科、法国巴黎的街头，浓厚的历史氛围与浓郁的文化气息扑面而来，古今交融动静相宜的城市风貌、隐藏在街角的名人故居给人以无限流连与遐想，昭示着独特的城市品位与品质。与之相反，一旦失去城市特色，大同小异的城市风貌令人不知身处何方，千城一面的格局更令人产生审美疲劳，城市精神、文化个性和独特气质荡然无存。城市特色的缺失戳中了城市发展的痛处，背后则是城市规划的失误、城市设计的功利。

　　在一些地方，城市规划对城市空间的综合合理安排的实施不尽到位，缺乏对城市自然景观、建筑风貌、公共空间整体有效的梳理，城市建设粗放，功能主义突出，人文情怀被忽视，造成了许多城市建设千篇一律的问题。于是，历史建筑被当成发展的负担，地方味道被视为落后的标志，传统色彩被当作不够现代的包袱，多少城市甘愿放弃"个性"的康庄大道，一味涌入"共性"的逼仄通道？

城市规划与设计从一开始就应该树立这样的价值观：城市就像人一样，理应具有自己独特风格与品位。从某种意义上说，正是城市规划与设计，创造着城市特色，合理安排城市特色元素，处理好各特色元素之间的相互关系，创造宜人的景观环境，是城市特色的根本目标。因此，厘清城市规划、城市设计的思路，减少随意性、盲目性，以系统思维进行城市规划建设，才能预防与杜绝千城一面的现象。

风格特色是城市的灵魂，是城市软实力的体现。一座别具特色的城市可以给人归属感、认同感和自豪感，因此，塑造城市特色、守护城市记忆是推进城市可持续新发展的重要精神动力。让每个人公平地成为品位与品质兼具的城市环境当中的一员，而不是没有根基地漂泊在千篇一律的城市空间中，这是中国城市特色未来努力的方向。

韩林飞

目 *Contents* 录

第一章 城镇魅力的体现
——城镇特色与城镇风貌的概念解读

随着国家推动新型城镇化建设步伐的加快，追求健康的、更有质量的魅力城镇成为我国现代化建设进程中的大战略，是推动我国经济持续健康发展的"王牌"动力。而魅力城镇的塑造，在规划布局、建筑风貌、居民生活等方面体现城镇个性特色，挖掘和传承地方文化，发掘最美城镇，形成大中小城市、小城镇、新型农村社区协调发展、互促共进的城镇化局面，促进经济社会良性发展，实现共同富裕的终极目标。

一、实质的魅力——城镇特色与城镇风貌的内涵

城镇特色，实质的魅力即与众不同，没有特色就没有生命力可言。土耳其诗人纳乔姆·希格梅有一句名言："人的一生有两样东西永远不会忘记，这就是母亲的面孔和城镇的面貌。"而城镇的面貌实质上就是城镇特色的集中表现。城镇如人，应当千姿百态、各具特色，它来自城镇清晰自然的历史发展脉络，来自昨天与今天融洽的衔接。唯有特色，城镇才有发展的根基和灵魂；唯有特色，城镇才有吸引力和生命力。

（一）何为城镇特色与城镇风貌

特色即个性，是事物所表现的独特的色彩、风格等。特色在词典中的含义是一种事物显著区别于其他事物的风格、形式，是由事物赖以产生和发展的特定的具体环境因素所决定的，是其所属事物独有的。而"城镇特色"就是指一座城镇在组成、形态、空间上区别于其他城镇的个性及特征。它表现在物质和精神的个

性及独特之上，并在人们对城镇的建造及认识过程中得以体现。

城镇特色具有两个方面的含义：一方面，表现在城镇的精神个性上，即城镇的性质、产业结构、经济特点、传统文化、民俗风情等，主要针对人们对城镇的感知层面；另一方面，体现在城镇的实质环境上，如景观、空间、建筑、设施等，针对人们对城镇的直观视觉方面（见图1-1），它们是城镇精神的载体与组成。两者相互作用，共同构成了城镇的特色。

图 1-1　富有特色的北欧城镇

城镇风貌即城镇的风采和面貌，是关于城镇自然环境、历史传统、现代风情、精神文化、经济发展等的综合表征，既反映了城镇空间的景观，又蕴含着地域精神。"风"即社会风俗、地域文化、生活习俗等，"貌"则是城镇的样子（见图1-2），包括有形和无形的元素。城镇风貌不仅是城镇的景观，还包括了不可见的人文要素。包括建筑特色、自然景观特色、产业特色、人文历史特色等。

（二）城镇特色与城镇风貌缘何而来

城镇特色的来源大概有两个方面：一方面是城镇的自然环境；另一方面是城镇所承载的社会、经济、历史、文化等人工环境。人工环境建立在自然系统之上，它们是相互作用、共同运作的（见图1-3）。城镇的个性特色取决于城镇的自然环境及人工特征。

图 1-2　意大利小镇洛迪的城镇面貌

图 1-3　意大利小镇贝加莫和谐的自然和人工环境

（1）物质起源。人类来源于自然，因此本质向往返璞归真，自然环境深刻地影响着城镇的营造。英国霍华德田园城镇的理论、中国天人合一的风水学说等，都是以自然的物质为基础，利用自然环境构建城镇特色与城镇风貌的理念。城镇规划在利用自然环境时，往往需要依靠山、水、地貌等，创造属于一个地区、一个城镇的独特的可识别性（见图1-4）。城镇建设之初所依据的自然地形地貌、气候条件等，如气候、水体、植被等，都对城镇规划和人类生活建设产生了重要影响，有些自然生态条件甚至具有决定性的作用，如降水、温度、风向等，这些因素与城镇整体的空间结构、城镇布局、人类生产生活方式都有着密不可分的联系，甚至产生了颠覆性的影响。

图1-4　意大利小镇马泰拉独特优美的环境

自古以来，城镇建造者的生产力发展水平往往更加受自然生态环境的影响，这导致了对自然资源的利用大部分依托于地域的生态条件，所受的影响也较今人来说更加深刻。因此，对自然环境的依赖和崇敬造成了城镇的独有特色，在建设中也更加注重因地制宜、顺应自然，城镇的特色与风貌往往是与物化的自然环境紧密相连的。可见，自然资源相当于视觉层面的来源，可以给人以直接的印象。

（2）精神源流。城镇的发展，与其特定的人文、历史背景紧密相关。历史文脉以及人文传统是构成城镇特色的精神内核，是决定一个城镇风貌的标志。人文、历史等作为一个城镇的精神内涵，反映了城镇本质的内在气质。保护、利用和发展城镇的人文特色是构建城镇特色和城镇风貌的重要手段。在处理新、旧建筑时，需要对城镇传统风貌进行维护。

一个城镇的风貌与特色大部分来自于该城镇发展的历史起源、建设活动，城镇居住者的习俗文化、宗教信仰与政治背景，以及历史上对城镇建设的定位和目标，如都城、一般城镇等，都是影响城镇特色与风貌的重要来源。其中，城镇居住者的文化活动表达了他们的价值观，它会随着社会文明的发展而不断变化，强烈的地域特征赋予了基于乡土文化的城镇的独特风貌，由于民族、地区的不同而表现出各种不同的特点。它们也是一个城镇特色和风貌的重要精神来源，并且会在新的历史条件下不断地生长、延续，如云南的大理、丽江（见图1-5和图1-6），欧洲的许多古城等，都保存了浓郁的民族特色和乡土风貌。

图1-5　丽江古老的街道

图 1-6　丽江俯瞰图

　　城镇是一个国家和民族文化精粹的沉积，是最为广泛和恒久的载体，它们形成了一些历史文化区域，表现着地域文化的特点，而城镇的风貌也往往表现在其历史渊源中，这也是其他城镇所无法模仿的（见图1-7）。特定的地域文化、政治背景和宗教背景，对城镇的建造也会产生深远的影响，如我国藏族的佛教建筑和泰国、缅甸等佛教国家的建筑与环境风貌，还有我国南方、北方、西部地区的城镇风貌也有着各自鲜明的特征和明显的差异。

图 1-7　意大利小镇马泰拉古城丰富的聚落空间

城镇是文化的景观，是历史的记忆，其基本属性是自然与文化、物质与精神的综合体，精神文化内涵是城镇结构构成的根本，更是城镇能够发展和存在的核心动力（见图1-8）。城镇的文化及价值，不仅体现在有形的建筑遗迹上，还表现在无形的文化内涵中，与城镇的居住者融合，并影响着居住者的生活方式。过去的、传统的东西以及历史文化遗产对于现代都镇人的功用，还表现在它们可以拓展人们的体验空间。此外，城镇历史文化遗产对于现代都镇人而言，还是一种精神的慰藉和审美的渴望。

图 1-8　特定地域文化下的城镇

二、七色光——体现城镇特色与风貌的七个方面

凯文·林奇在《城市意象》一书中列出了构成城市印象的五个要素，即道路、边界、地域、节点和标志物。人们得以凭借这五点来形成对一个城镇的印象。同样，人们判断属于一座城镇的风貌和特色时，也是围绕城镇的形态和布局、建筑、节点、景观绿化和城镇的定位来构成城镇印象的。

（一）城镇形态和布局

城镇整体形态和规划布局是城镇特色在空间层面上的投影。城镇布局主要是指城镇用地功能分区、城镇道路系统、城镇景观绿化系统等布局形态。例如，一个居住区、一条街道、一个广场本身及其相互间的联系（见图1-9）。城镇的形态和布局是城镇特色和城镇风貌的总体指导和构成框架。大到山地城镇、滨水城镇、历史城镇等不同性质的城镇，都应根据不同的自然条件产生不同的城镇形态和布局；小到一个居住区，建筑的平面布置和空间组织也可以形成不同的特色，影响居住区等建筑群的形态。

图1-9　意大利小镇诺瓦拉的城镇形态

城镇街道对城镇特色及城镇风貌起着重要作用。街道并不是城镇中的分割线，而是一系列连续的空间和通路；不同的道路系统组成了街道，街道又构成了城镇网络，不同的网络在城镇结构中产生了不同的效果，构成了不同的城镇形态。其中，道路行驶、街道与建筑物的关系以及街道剖面、轮廓线等都是影响和形成城镇特色与城镇风貌的重要因素。

（二）城镇建筑

建筑是城镇的基本构成，其本身特色是城镇的特色及风貌的基础。一幢建筑物是由许多担负着各自功能的构件组成的，一座城镇同样由许多这样的构件组成，由此构成了城镇的原型，也是城镇的特色风貌。因此，城镇特色构件，即建筑就是这座城镇中最突出的、最具代表性的、最能使人们记忆起城镇文脉、感触城镇精神的标志，成为城镇的风情语言（见图1-10）。

图 1-10　世界文化遗产小镇阿尔贝罗贝洛，2000 年前人类智慧的结晶

（三）城镇节点

城镇节点，如城镇街道、广场、标志性建筑等，是城镇空间特色的组成。应该经过重点规划，串联起城镇的建筑，构成特色的城镇空间。广场等城镇节点，可以作为城镇的文化空间，保留城镇记忆，向人们传递城镇的历史及传统（见图1-11）。街道既是车行的道路，同时又是反映城镇生活和精神的场所，其作为继承城镇历史风貌的重要组成，更是一座城镇的文脉延续。

图 1-11　意大利小镇维杰瓦诺的广场节点

（四）景观绿化

在西方，"景观"一词的提出可追溯到公元前，其最早的含义泛指城镇景象，包括人为的建造物与自然的景色。其作为直观的视觉体验，是城镇中实体的部分。景观绿化可以体现一个城镇的生气，并强调城镇的自然地理特色（见图1-12）。尤其滨水城镇，利用水面的景观可以构成城镇特色景观的连点。城镇建筑的特色也需要景观来点缀。街道的景观绿化和水面、公园、山地发生关系，相互渗透，可形成城镇的景观绿化系统，形成城镇独有的特色。

图 1-12　意大利小镇贝加莫的景观绿化

（五）城镇廊道

一般而言，在建筑或建筑群当中，廊道是指串联各种不同功能房间的线性空间，它的主要作用是各种功能空间的过渡和转换，属于建筑的骨架空间，因此被称为"走廊"或"连廊"。

然而，对城镇廊道来说，其内涵比建筑走廊更为深远。从研究和分析城镇空间形态的角度来理解，城镇廊道与建筑走廊有着很大的差异。城镇廊道一般包括景观廊道、滨水廊道、交通廊道、生态廊道、高层建筑廊道等，同时，深层次的又包含经济廊道、功能廊道等。其共同特点都是以线性形态为主。同时，各自又承担着城镇不同系统的功能。

城镇廊道是在城镇空间范围内，以一种特定的"关联关系"线为主导的带状空间而存在的，是城镇空间结构的骨架。廊道作为城镇的有机组成部分，其功能是多种多样的，且不同的部分对应着城镇的不同系统，它们互相交织和联系，承担着不同的系统作用，在与其关联的用地范围内，建筑形态或功能呈同质特征。当特定线性的性质发生改变时，会导致带状空间发生量变直至质变，包括空间结构与形象、人口数量与构成、地价与经济效益，进而对城镇机能与效率、景观与活力产生影响。

城镇廊道构成了城镇有机体形成和发展的骨架，对城镇空间结构的演变和发展起着至关重要的作用，对城镇特色和风貌起着极其重要的影响（见图1-13）。

图1-13　瑞士小镇英格堡的城市廊道

（六）城镇界面

城镇界面是指在视觉上展示给人们观看或感受的，并能让人们对城镇形成初步印象的一些界面或空间。城镇界面的设计是对城镇规划的有效补充，对城镇的空间形象的形成至关重要，其主要内容包括三个方面：街道、广场和交叉口；城镇的轮廓线；城镇的滨水界面。街道要充分考虑车行道、人行道、绿化与建筑之间的关系。沿街要有良好的连续性和节奏感，要注意同立面、同整体的协调性。街道是一个城镇特色形成的重要部分（见图1-14）。同时，如城镇的广场、交叉口的主要景观节点等，也往往是城镇特色的一个聚焦点，在一定程度上，和周围发生联系，影响着整个城镇的景观和风貌。这几个方面相互联系和渗透，同时又各具特色，共同形成整个城镇界面，是城镇特色和风貌的不可分割的部分。

（七）城镇轮廓线

城镇轮廓线是整个城镇的远观轮廓，是城镇特色的重要组成部分，是识别城镇的标志之一。不同的城镇拥有不同的城镇轮廓线，是城镇生活事实的物质反映，它的每一个细微的变化都映射出一个城镇的演变和发展，也体现着城镇的文化与历史。

图 1-14　意大利小镇马泰拉

任何一个城镇的轮廓线都有自己的特点和个性。城镇轮廓线的和谐、节奏、韵律，乃至虚实相间、高低有序、独立与依存、亲和力、归属感等往往都与城镇规划设计人员密不可分，是城镇特色的重要体现（见图1-15）。城镇轮廓线体现的是一座城镇的生机，是精妙的艺术形态。我们的城镇，应当在借鉴外来的优秀经验的同时，积极汲取我国古代城镇的理论与智慧，才有可能在城镇轮廓线上凸显我们的文化和历史传统，以及对未来的追求。也只有这样，才能形成独具特色的城镇意象。

图1-15 意大利小镇曼托瓦的轮廓线

城镇特色与城镇风貌的组成同样也包括两个主要方面：一方面是城镇的自然地理环境等自然因素，另一方面是人文历史环境。其中，自然因素构成了城镇本身的特色，如青岛等海滨城镇，以及桂林、杭州等山水城镇，都以其本身的或优美、或壮阔的自然景观构成了城镇的特色。城镇本身的自然景观与地理环境很难再改变，因此，合理引用城镇本身的自然特色并顺应自然，即能保持城镇的独特风貌。而在人文历史方面，城镇的建筑和设施是城镇特色与城镇风貌中重要的组成部分。

独特的城镇特色一定具有其独特的城镇形态。城镇形态是指城镇在地域空间中的分布形成，其反映城镇的整体特色（见图1-16）。不同的城镇形态会影响城镇的功能、结构和外观，给居住者以不同的感受。而城镇形态的形成往往也与城镇所在地的自然地理条件紧密结合，因此，城镇形态也是影响和创造城镇特色与城镇风貌的一个重要因素。

图 1-16 意大利山顶小镇拉维罗

城镇的建筑是构成城镇的主要元素，数量庞大，对人们的视觉和感受有着直观的刺激和影响，是最能反映城镇特色的内容。建筑是城镇发展的最小单位，其自身构筑特点及相互之间的位置关系决定了这一地区的风格与特色。其中，建筑的自身形式、色彩、材料等，是构成城镇特色的重要因素，特别是标志性建筑。

三、彰显个性，展现魅力——城镇特色与城镇风貌塑造的方向及价值

随着时间的推移、净化的沉淀，城镇一般都具有一定的文化内涵和意蕴，形成一种独有的气质、一种独特的品位、一种自身独有的精气神。只有高点定位城镇特色与城镇风貌，放眼长远，才能集聚城镇活力，成为城镇不可或缺的精神支柱和经济发展基础。

（一）城镇特色与城镇风貌塑造的方向

城镇特色和城镇风貌的塑造并不应该是一纸空谈，其实现对于中小城镇的发展不管是从经济上还是文化上，都具有重要意义。特色即意味着优势，它是城镇的生命本源，是城镇发展的根基。具体包括如下：

（1）经济型。城镇特色和风貌可以为城镇带来旅游价值。除了特色山水风光旅游，还包括文化旅游，在越发现代化的生活中，人们越来越希望寻求历史文化的体验和多样化的文化。一个城镇形成了其独特的形象特色和不同于其他城镇的风貌，就具备了更高的旅游价值，得以吸引更多的游客参观，从而刺激旅游镇场的发展，进一步达到发展城镇旅游经济的目的（见图1-17）。如今，旅游业已经成为许多城镇的经济增长点，城镇特色对于旅游业的发展而言是宝贵的资源。例如，我国的西安、桂林、凤凰古城（见图1-18）等特色鲜明的城镇充满了独特地域特色的魅力，吸引了来自世界各地的游客，为城镇经济贡献了巨大力量。而这样的城镇同时也有利于吸引资金的进入，取得良好的经济成效，反之也将促进城镇的建设。

图1-17 意大利小镇马泰拉，安逸轻松令人向往的夜

图 1-18 凤凰古城的独特魅力

对于那些拥有天然自然资源和深厚历史资源的城镇，更应该注重城镇特色和风貌的塑造，也更有利于旅游产业的发展。例如，苏黎世不但是旅游中心，更是金融中心（见图1-19）。

图 1-19 苏黎世的城镇风貌

（2）可持续型。城镇特色和城镇风貌的塑造有利于城镇的可持续发展。城镇特色和风貌是城镇可持续发展的重要条件，它们赋予了城镇深刻的表现力。好的城镇特色必定是与其功能、定位相适应的，恰当的城镇形态和组成模式才能更好地促进城镇的进一步发展，并与自然、生态保持良好的和谐共生关系（见图1-20）。也有利于在未来的发展中明确定位，从而进行集中发展。

图 1-20　与自然和谐共生的意大利小镇拉维罗

（3）提升城镇竞争力。城镇特色是城镇竞争优势产生、持续和升级的关键和核心。在现代化的城镇竞争条件下，城镇更加依赖于其内在的非物质要素，特别是城镇特色和风貌，它们可对城镇资源的配置产生吸引、控制等影响，因而对于城镇的竞争尤为重要。在中小城镇中，城镇的定位和性质比较单一，其所赖以生存的基础也较为单纯，城镇竞争力更是中小城镇得以生存、发展的重要因素。如今，城镇的特色和地域性风貌对城镇的作用开始增强，极大地提升了城镇的居住生活品质，这对城镇特别是中小城镇赖以发展所需的资金、人才、技术的引进都至关重要。这些要素的引进同时也对城镇特色风貌的塑造产生积极作用，从而进入进一步提升城镇竞争力的良性循环（见图1-21）。城镇在不同阶段的发展需要不同的竞争优势，而发展所需的资源又与城镇特色和风貌的塑造息息相关，新的城镇特色和风貌都是建立在原有基础之上的，发挥着新的作用。

图 1-21　资源多样化的意大利小镇帕维亚

（4）以人为本。每一个城镇的特色都体现了一种文化，为人类的发展提供了多样化的基础，从而更好地为城镇居住者带来归属感。历史遗产最重要的价值是情感作用，它包括文化认同、历史延续、精神象征等。随着社会经济的发展，人们不再仅仅满足于一般的物质需求，进而更多地关注文化、心理上的需求，对城镇的要求不仅仅停留在满足温饱问题上，对城镇的要求还包括了居住品位和生活质量。对城镇特色和城镇风貌的塑造有利于人们对称呼四环境的识别，满足人们的审美需求（见图1-22）。另外，也有利于增强居住者对城镇的自豪感和认同感，增加城镇的凝聚力。同时，传承了历史文化的特色城镇也有利于对传统文化的弘扬，对人们的审美情趣、思维方式等产生影响。

图1-22　以人为本的城镇典范意大利布雷西亚

（二）城镇特色与城镇风貌塑造的价值

城镇特色和城镇风貌的塑造，对于城镇的社会经济、资源环境、生活空间等各个方面的协调发展具有重要的理论价值和现实意义。特色鲜明的城镇风貌不仅能提升城镇品质，改善和提高人居环境，而且能拉动当地经济的繁荣，是城镇发展的基础和原动力。

（1）现阶段的问题。城镇的历史是发展的产物，甚至可以说是发展的本身，其自身的形态映射了人类生产活动的过程，集人类文明传统于一身。其结构复杂，规模庞大，包涵了诸多的内容。然而，在现代化的城镇建设中，过度的城镇发展和千篇一律的建造手段引发了诸多问题，如环境污染、城镇过度膨胀、资源紧缺、人口分布不均等。有许多城镇的建设使得其自身丧失了历史。城镇的建设过分注重于外在形式及建筑单体个性，形成城镇空间结构的混乱、环境的不协调，城镇空间缺乏整体感和连续性，从而导致城镇缺乏其独特的魅力（见图1-23和图1-24）。

图 1-23　缺乏整体感的小城镇

图 1-24　缺乏独特性的小城镇

（2）重要性。在城镇现代化的建设中，城镇特色在城镇中的地位和重要程度引发了人们越发的重视，这是对于城镇精神文明的追求和对历史文化的寄托。追求个性成为一种趋势，可以丰富城镇的内涵，体现城镇独有的文化。另外，城镇特色在城镇的经济活动中也发挥着越来越重要的最用，将城镇特色本身作为旅游业的内容，可以吸引更多的投资，获得更大的利益，从而促进城镇经济的快速发展。由历史遗产、自然景观等资源形成的旅游产业，能为城镇带来最直接的经济价值，这也使得城镇更多地关注其自身价值的塑造。

（3）独特的价值。城镇是文化的载体，是一个地区文化的直接体现和表达，因此，对于城镇特色的保护、引导和发展，也成为城镇文化发展的基础和动力。城镇特有的风貌和特色不仅为人们提供视觉上的享受，还应更多地为居住者提供具有"归属感"的场所（见图1-25）。"建筑是空间的艺术，而城镇是时间的艺术"。城镇特色是经过一定的时间积累，利用改造自然以达到发展文明的成果，其所承载的城镇物质精神和文化精神，都反映了人类文明的历史进程（见图1-26）。

图 1-25　具有归属感的意大利小镇拉维罗

图 1-26　意大利世界文化遗产小镇阿尔贝罗贝洛

我们应该从城镇特色的表现方面入手，建立建筑风格和城镇风貌的形象概念，然后加以提炼、抽象、概括，寻找出其深层结构的要素，并通过一定的特色构件不同的排列组合表达出来。从原型衍生而出的城镇形态再经过设计、创造而形成不同的方案，达到统一的、有特色的城镇形象，才能真正体现城镇的历史——城镇不仅仅是一个空间现象，或者建筑构件、空间的堆砌，而应作为一个历史现象而存在，其存在应能使即使是第一次见到它的人们也能触摸到其所要表达的精神，甚至是传承而来的生活方式。

城镇特色是一个不断增长、不断丰富的动态历史过程，它会随着经济的发展和人们的生活方式、生活结构的变化而不断更新，表达出特定历史时期的风貌。城镇特色和城镇风貌可以给人以识别性，其环境和空间特征，包括记录的生活经验都给人以安全感和识别感。归根结底，城镇是人为创造的，其城镇精神和城镇特色也应最终回归到以人为本的核心中，不管是有形的城镇景观，还是无形的城镇文化氛围，它们的特色都应因人而生，与城镇居住者、使用者密不可分。

第二章 小即是美，独特就是生命
——中小城镇个性与特色

作为我国最普遍的城镇形式，中小城镇是我国城镇体系的中坚力量。我国小城镇分布地域广阔，因其历史文化环境的不同，形成各具地域文化特色的小城镇。因地制宜、顺应自然应该成为小城镇空间营造的一个主导思想（见图2-1）。

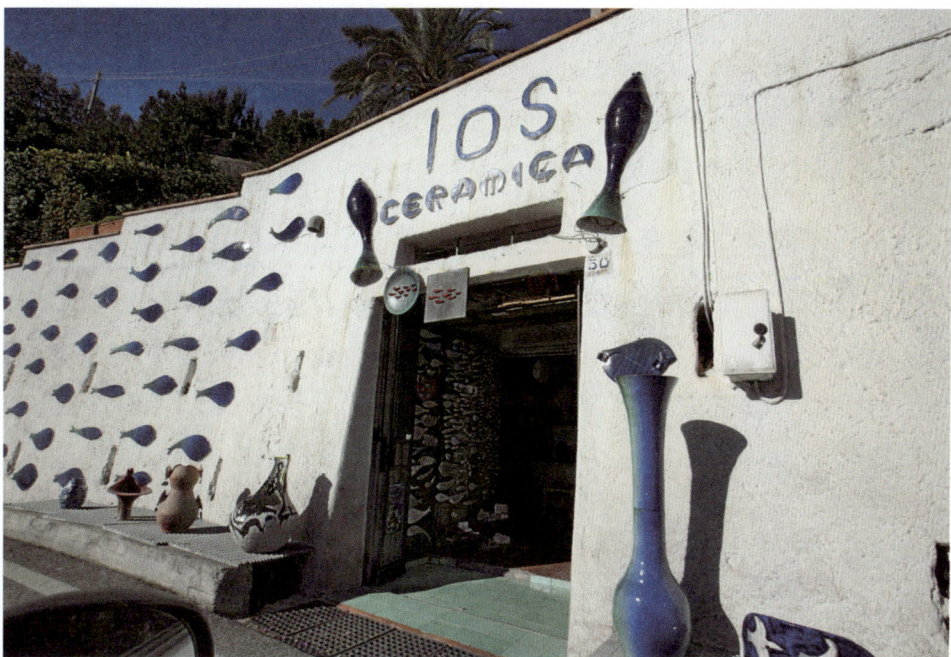

图 2-1 具有地域特色的滨海小镇拉维罗

我国中小城镇在现代已经成为农村和城镇经济社会进步的重要载体，成为带动区域经济和社会发展的中心。中小城镇对于我国的社会经济发展有着不可忽视的重要作用。中小城镇外部空间的特点不同于大城镇，小城镇的街道和广场设计是体现小城镇特色的灵魂所托，是小城镇的个性所在。小城镇的个性是其最有价值的特性。

一、外延的界定——中小城镇的概念

对于中小城镇的概念并没有统一标准，只有一般性的认识和观点：中小城镇人口一般在20万人以下，并具有城镇的普遍定义，首先是一个以从事非农产业活动的人口集居地并且达到一定人口规模和密度的居民点；其次是工商业较为发达，具有一定的经济实力，具备较为完善的公共基础设施，能满足居住者基本的物质生活条件和精神生活；最后，它应该成为一片地区的中心，在一定的范围内具有吸引力、凝聚力和辐射力，有能力带动地区经济发展。

中小城镇作为城镇和城镇的发展载体，不同于一般大城镇，也不同于一般的乡村。中小城镇有其独特的城镇内涵，其发展也有着自己的特征和模式。中小城镇具有一定的"乡村性"，其经济的发展程度、结构的构成模式均不如大城镇明显，不能简单地看成是大城镇的缩小，中小城镇的产业结构、空间布局、自然景观等都有明显区别于大城镇的特征。

（一）自然与地理条件

中小城镇与大城镇和特大城镇相比较，更加具有建设宜居城镇的优势和条件。较之特大城镇，中小城镇无疑更加接近自然，城镇的生长更多地依赖自然的生态环境，面积不是很大，与自然山水有密切而显著的联系，城镇处在山、水的包围之中，能够形成与山水自然相融洽的和谐关系，维持一定的生态平衡和绿色空间（见图2-2）。中小城镇中的社会结构也更加单纯，城镇单元规模较小。另外，许多中小城镇具有悠久的历史文化遗产和传统的民族、地方文化，历史文化与自然环境特色鲜明，具有多元化的地域特征。纵观我国110座历史文化名城，其中中小城镇数量占到了一半以上。大量的中小城镇和小城镇依山傍水，具有优美的自然环境及浓厚的人文气息。中小城镇更容易进行对自然景观的保护和历史景观的保护，创造独特的、不同于大城镇的城镇特色及城镇风貌，从而使中小城镇获得更大的竞争力。

图 2-2　城镇与自然和谐共生的意大利滨海小镇玻利尼亚诺

（二）城镇规模与尺度

根据2009年中国中小城市科学发展评价指标体系研究报告，大中小城市划分是指根据管理工作的需要，按市区(不包括市辖县)的非农业人口总数的多少对城市规模进行划分。目前，我国统计工作中将城市分为以下几组：

（1）巨型城市：1000万人以上。

（2）超大型城市：500万～1000万人。

（3）特大城市：200万～500万人。

（4）大城市：50万～200万人。

（5）中等城市：20万～50万人。

（6）小城市：20万人以下。

（三）城镇性质与定位

确立城镇性质是城镇特色设计的首要因素，其对城市规划和建筑设计起着指导性的控制作用，它直接影响城镇的发展方向和总体布局。尤其是对于中小城镇来说，其城镇规模较小，因而城镇性质和定位也不像大型城市那样具有多元性和复杂性，往往一座中小城镇的性质比较单一而明确，如旅游城镇、工业城镇（见图2-3）或者花园城镇等，这也使得中小城镇在结构成分上具有明确的指向性，从而更加易于达到对整体城镇特色的设计和特定城镇风貌的把握。一旦确定了城镇性质和定位，就需要对各类建设用地做出道路、绿地等空间布局和景观设计，对各个地块的建筑形式、体量、色彩等进行明确的规定。

图 2-3 单一性质的工业城镇

就大多数中小城镇而言，其性质在某种程度上决定了经济功能，而城镇性质也规定了中小城镇的发展特色。城镇的特色及风貌并不应该以城镇的规模为标准或前提进行判断，即城镇的规模不是决定城镇是否具有特色和独特风貌的必要条件。现在的一些城镇，以无限制的建设扩张为特色，并认为只有具拥较其他城镇更大的气势才能拥有风格和特色，提高城镇的辨识度（见图2-4）。这样的理解显然是错误的，真正的城镇特色和风貌一定是以基于环境肌理和传承历史文脉的塑造为核心本质的。

图 2-4　缺少辨识度的城镇规划

根据中小城镇自身属性和需求的不同，可以将城镇分为以下几种类型：

（1）经济型城镇：是指该地区已经聚集了大量的非农业产业或有一两种特色支柱产业。

（2）交通型城镇：是指依靠优越的地理位置，可以成为交通枢纽。

（3）文化型城镇：是指或具有独特而古老的文化遗产与传统，或代表了时代文化的潮流而地位显赫，或是现代科技教育特别发达的城镇。

（4）旅游型城镇：是指有独特的自然风光、历史文化遗产，旅游业可以成为该地区的支柱产业。

二、积淀的力量——中小城镇的发展历程

中小城镇是工业化和城镇化的重要载体，在发展中具有大城市所不具备的优势，主要表现在以下几个方面：

（1）中小城镇规模不大，其发展所需的物力、财力相对较少，比较容易筹措（见图2-5）。

图 2-5　规模不大的城镇

（2）中小城镇一般是建立在周围已经有一定规模的非农业产业、基础设施比较完善、生活环境较好，只需略加组合，就能迅速发挥聚集效应的地方（见图2-6）。

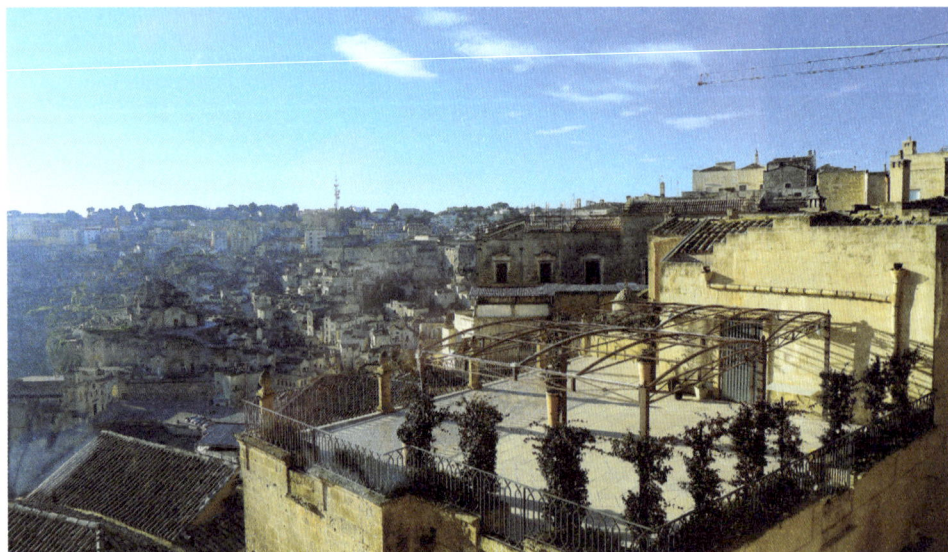

图 2-6　资源集中的古城镇波利尼亚诺

（3）中小城镇的空间分布和内部分布要求比较低。

（4）从劳动力素质方面看，中小城镇正是劳动密集型产业的聚集地。

我国的中小城镇基本上是在原有集镇或者农村居民点的基础上发展起来的，具有一定的自发性。一个值得思考的现象是，在改革开放以前，中小城镇特色并没有作为一个问题提出来。这是由于一方面学术上认识的局限性，中小城镇的本身具有"特色"，但其自身的发展并没有形成一种"问题"。改革开放以后，我国中小城镇发生了巨大的变化。一方面，原有中小城镇在经济快速发展情况下特色逐渐消失；另一方面，新兴了许多中小城镇，这些中小城镇的建设大都"千镇一面"，城镇特色的发展十分缓慢。

（一）改革开放之前

中国城镇化进程即中国农村转化成城镇的过程。从19世纪下半叶，到20世纪中叶，由于受到世界列强的侵略以及军阀割据的困扰，导致中国城镇化的发展不均衡。自50年代中期开始，逐步建立城乡二元分割的社会结构，甚至实行"反城市化"战略，使得城镇化长期处于停滞状态。

1. 发展背景

在漫长的农业社会中，中小城镇的发展非常缓慢。一般而言，中小城镇在功能上主要承担一定区域农副产品和手工业品的交易中心作用。当然，也有一些规模较大的中小城镇，其影响范围可波及全国，也有一些在码头、矿业和手工业基础上发展起来的具有特殊功能的中小城镇，但这些都不是中小城镇的主体。新中国成立以后，中小城镇发展出现了一些变化，就城镇的特色而言，并没有太大的变化，主要是延续过去的传统，这种情况是与当时的社会经济发展紧密相连的。在这一时期，我国实行的是计划经济体制，一切物资统购统销，中小城镇同外界的联系较少，中小城镇发展和作用的唯一依据是自上而下的"计划"或行政命令，按照严格的层次来执行。中小城镇的发展比较缓慢，中小城镇作为乡村的政治、经济、文化中心，基本上还是"农业社会的产物"。

2. 发展特点

（1）特色具有明显的"传统性""乡村性"。许多中小城镇都是在原有农村的集市上发展起来的，是农业社会下的产物，同周围的农村有着千丝万缕的联系。新中国成立后，中小城镇的特色主要是延续过去，没有太多的变化。中小城镇的建设和发展很大程度上都是满足周围农村的发展需要，构成中小城镇特色的人文要素如建筑物、街道都保留了农业社会的特点。构成特色的人文要素如风俗习惯、民间工艺等由于没有太多地受到现代文明的影响，而得以延续。

（2）特色具有相对稳定性。中小城镇特色的发育基础即特色的内涵主要是地域传统文化和自然地理条件。改革开放前，由于经济水平和政策因素的影响，中小城镇开发建设较少，许多原有中小城镇的地域传统文化基本上得到延续，富有特色的自然条件也基本上得到保持。这个时期对中小城镇特色的破坏主要是反传统文化的政治运动。如"文化大革命"中对古建筑、文物古迹的毁灭性的破坏，这是思想意识上的人为破坏。但由于传统文化的根深蒂固，并没有随着传统古建等表象的破坏而中断，许多中小城镇特色仍然保留了下来。

（3）特色的形成、发展具有自发性。改革开放前，由于社会、经济、政治等原因，现代的城市规划理论没有介入中小城镇的发展，中小城镇的发展基本上是自发的。这个时期的特色是比较鲜明的，这种特色的形成是与农业社会特有的经验型文化传承机制有关。也就是说，这种自发的城镇建设，能够不断调整人的需求同特定的自然环境和地域文化之间的协调关系，从而使传统特色得到延续。

（二）改革开放之后

1978年实行改革开放以后，中国的城镇发展出现了一个新的契机，城镇化在国民经济高速增长的条件下迅速推进，中小城镇如雨后春笋般蓬勃兴起，东南沿海地区城镇建设尤为迅猛。

1. 发展背景

在这一时期，我国逐步实行社会主义市场经济，中小城镇发生了巨大的变化。作为中小城镇内涵的外在表现，伴随着中小城镇的经济、社会、文化等的变化，中小城镇特色也发生了变化。中小城镇不仅是周围农村的行政、经济、文化的中心，更是打破城乡对立的"二元结构"，联系城市和农村的纽带，发展中小城镇是我国城镇化的重要途径。改革开放给中小城镇带来了前所未有的发展机遇，但也应当看到，中小城镇在发展的同时，现代文明的侵入和经济的快速增长不仅给原有传统中小城镇的特色带来巨大的影响，同时也决定着新兴中小城镇的建设。

2. 发展特点

（1）特色发展具有不稳定性。现代文明的侵入和经济的快速发展给中小城镇特色发育的基础造成混乱。一方面，现代文明冲击着传统文化，经济的快速发展以牺牲自然环境和传统文化为代价；另一方面，这种破坏同时又造成人们对特色认识的混乱，从而又造成"假特色"的盛行。由此可见，由于特色形成的内涵的改变和对特色认识的混乱，特色具有不稳定性，许多中小城镇特色正走向消失。

（2）特色发展具有不均衡性。由于我国的经济发展地区差异比较大，不同地区的中小城镇特色"保护"情况都不一样。可以说，在同一时期，中小城镇特色的发展表现出不平衡性。一般而言，经济发展较快的地方，中小城镇特色破坏比较严重；经济发展慢的地方，中小城镇特色保存得相对较好。因经济发展的不均衡而导致了中小城镇特色发展的不均衡，特色保护常伴随着经济的落后，这种现象很值得我们深思。

（3）特色发展具有"城市性"。同改革开放前相比，中小城镇的功能、性质有了很大的变化，中小城镇建设倾向于城市，中小城镇的生活更具有现代化的气息。这些变化对于中小城镇特色的构成要素产生了巨大变化。就中小城镇特色的人工因素而言，现代的城镇广场、公园绿化、环境小品等都不同于传统中小城镇特色的构成要素，更不同于农村的物质空间形态；就中小城镇特色的人文因素而言，现代文化的冲击使许多传统的地域文化面临着消失的危机；就中小城镇特色的自然因素而言，在经济发展的压力下，牺牲环境以求发展的现象非常普遍。

（4）特色既有继承，也有创新。由于经济的快速发展，中小城镇特色面临着保护与发展。在这种情况下，中小城镇特色的发展在继承的基础上有了一定的创新。正是由于中小城镇现代化的发展，外来文化的融入与交流，使这种创新才有可能。应当看到，由于我国中小城镇建设缺乏经验，许多方面都是照搬大中城市的模式，从而使中小城镇特色的发展出现失误，对原有的传统特色造成破坏，这是值得深思的。需要指出的是，中小城镇特色的创新是以原有特色的发育基础为前提的，是继承、保护下的新发展，脱离原有特色的创新是不现实的。

（5）现代城市规划介入中小城镇特色的发展。城市规划的介入是中小城镇发展的进步，也是中小城镇在社会、经济、文化自发发展下遇到问题的一种表现。因此，对于中小城镇特色来说，现代城市规划是具有积极意义的。但并不是说，有了城市规划，中小城镇就会有特色，这是因为：一方面，中小城镇特色是受多方面因素影响的，城市规划只是众多影响因素中的一个；另一方面，有的中小城镇规划在某种程度上导致了中小城镇特色的消失，这是规划指导思想上的失误，是认识上的不足。

三、当代中国中小城镇情况分析

我国正处于城市快速发展的时期，中小城市的数量有了大幅度的增长。截至2014年底，中国城市数量已达653个，比1980年增加三倍。据原建设部副部长李振东介绍，中国城市化进程正在加快，并日益显示出中小城市迅速增多、城市化势头向中西部地区推移的发展特点。中国在城市化发展方面推行的"控制大城市规模和数量，大力发展中小城市和小城市"的战略取得了显著成效。建设部最新统计表明，在这653个城市中，其中直辖市4个，地级城市288个，县级城市361个，而且在288个地级市中，163个城市属于中小城市。中小城市进入历史上发展最快时期。

据《中国统计年鉴2015》，我国拥有200万以上人口的城市52座，农村人口中有2亿～3亿的剩余劳动力，如果他们同时进城务工，显然是承受不了的，那么在短期内兴建几百座大城市用以容纳我国规模庞大的剩余劳动力大军，也是不切实际的。但城市的规模不能也不可能无限扩大，其外部成本会上升，包括由于人口聚集导致的房地产价格上升、交通拥挤、空气污染、生产成本和管理成本增加，以及犯罪率上升等。显然，我国的大城市很难适应现阶段城镇化进程的需要。

城市的形成以及发展必须遵循客观经济规律。到2014年底，全国人口400万人以上的大城市17个，200万～400万人的35个，100万～200万人的91个，50万～100万人的98个，20万～50万人的47个，20万人及以下的4个，我国城市分布很不合理，小城镇短缺。

根据2015年度全国中小城镇综合实力评价结果，在综合实力前100强中，东部占55席，中、西部和东北分别占20、16席和9席。东部地区在实力比较中具有明显优势，而东部地区和西部地区中小城镇的实力差距在逐步扩大。

城镇是中国经济发展的源动力，是区域经济的重要增长点，城镇化战略无疑是我国21世纪的大战略，关键是如何推动这个大战略。考虑到中国当前的实际条件，在中国城镇化过程中，只能选择由易入难、从低到高逐步发展的步骤，以中小城镇作为我国迅速推动城镇化的起点。中国幅员辽阔，生产力总体不够发达，建立大批高层次的城市不切实际，而规模不大、发展介于大城市和乡村之间的中小城镇是符合我国现阶段国情的。我国经过行政区域划分的调整，已经形成了大量地区作为进一步发展成中小城镇的后备力量。

四、国外中小城镇历史演进及现代化融合

　　目前，世界城市化平均水平已达到50%以上，发达国家在70%以上，根据世界银行的统计数据，2005年我国城市化水平低于中低收入国家15个百分点，与发展水平相近的国家比较，中国的城市化显著低于印度尼西亚、菲律宾、巴西、南非等国。2015年我国城市化水平也只有56.1%。

　　中小城镇竞争的实质，不仅仅在于现实的经济实力的比拼，更在于投资潜力的较量。如何通过整合城镇各种资源，营造良好的城镇投资环境，已经成为中小城镇发展过程中一个至关重要的课题。其中，城镇特色和风貌的塑造成为了中小城镇发展的重要动力（见图2-7）。

图 2-7　意大利小镇马泰拉

意大利的佛罗伦萨是一座历史名城（见图2-8），由罗马在中世纪建成，有居民约40万人，曾经出现过米开朗·琪罗、达·芬奇等著名人物，每年要迎来700多万名游客。该城镇保护与发展并重，较好地处理了二者之间的关系，一方面严格保护历史名城；另一方面积极发展新城区，改善了居民的生活，实现了社会凝聚与和谐。英国南安普敦镇，是英格兰中南部一个沿海城镇，镇区人口22万人。拥有两座知名大学，其中南安普敦大学是英国12家重要研究大学之一。该镇高度重视高等教育，重视科技创新，以建立一个雄心勃勃和具有创造力的城镇为特色（见图2-9）。

图 2-8 意大利名城佛罗伦萨

图 2-9 英国小镇南安普敦

在西方早期的城镇规划中，他们的设计原则也是如此，在充分考虑城镇的使用功能的同时，也在一定程度上与人们的精神需求相适应，尤其体现在给人以强烈的审美享受上。在以希腊的众多城邦为代表的城镇案例中，多有供镇民活动的广场，广场四周的店铺出现柱廊，本来是为了提供遮阳、避雨的场所，而正是这些出于实际功能的柱廊，以其宏伟的规模和实用性的价值，一直得以保存至今，成为欧洲城镇的独特标志。不仅仅是广场和柱廊，这些城镇中的街道尺度、建筑物的细部都和人的行为模式息息相关，并以人与人之间的交流沟通、历史文化的展现为目的发展而来，可谓是"自由发展的城。

第三章　混沌与希望之间
——当前中国对中小城镇特色与风貌的理解

随着中国城镇化进程的加快，中小城镇大规模、大批量的建设，城镇的自然特质、文化特质以及个性逐渐消逝，小城镇与自然环境之间的矛盾越发明显，割断了历史文化传承的血脉，肢解了空间格局延续的肌理，丧失了"百花齐放、百家争鸣"的城镇个性，导致与大部分城镇特色风貌趋于同质，城镇建设处在一片混沌之中。

一、低层次的扩展——中小城镇的发展现状

党的十八大报告在全面建设小康社会经济目标，以及经济结构调整和发展方式转变的相关章节中多次提及城镇化，又一次将城镇化建设摆在了一个重要位置上。城镇化是目前中国面临的一个大问题。随着我国经济建设的发展，中国当前中小城镇的城镇建设发展迅速，其规模之大、范围之广都是空前的（见图3-1和图3-2）。然而，在这种无休止的大规模发展、生产和建设，一味追求新奇、追求大规模的革命式强加的过程中，也产生了相当多的问题，如许多的城镇建设"千城一面"，互相抄袭，填湖削山，街道和建筑被飞速地复制；在不同的城镇中，甚至能看到相似的商业区、居住区或者地标性建筑；走在城镇中，却无法通过视觉直接判断所处的城镇。后果是牺牲了城镇特有的魅力，丧失了城镇原生的历史文脉，取而代之的是以经济发展为目的、毫无特色的城镇风貌。

与小城镇的职能相对应，中国的小城镇镇区在用地结构上是比较复杂的。各种类型的用地都有，一般来说，商业、服务业都沿主要交通干道分布，形成

了"追路发展"的局面。虽然这种现象在经济发展初期，为了吸引人流、物流，有时可能是无法避免的。但是，过分地沿路发展会使交通和城镇布局相互干扰，产生负面影响，不但不能双赢，反而会造成两败俱伤，把城镇形态拉成很狭长的长方形的局面。另外，中国有些小城镇功能分区不明确，用地布局不合理，居住、办公、工业、企业等用地相混杂，造成的相互干扰比较严重，没有统一清晰的城镇风貌，更加缺乏城镇特色。

图 3-1　小城镇的加速建设

图 3-2　小城镇的大规模建设

二、抛弃还是同化——中小城镇特色与风貌的建设现状

城镇设计的历史已经延续了近千年，然而其明确概念的提出却并不是很久，大体来说可以将对城镇的设计理解为对城镇形体及其空间环境的设计。宏观的城镇设计史对城镇各个物质要素，如街道、广场、景观、房屋等的综合控制，包括对其使用功能、技术环节以及艺术处理等。然而在对城镇的设计中，尤其是对中小城镇的特色与风貌的把握上，设计还往往停留在对建筑个体和群体以及空间组合的方式的设计上，而没有以人的行为作为基础进行控制。千篇一律的和生拉硬套的设计彻底放弃了人与城镇之间的"关系"，建筑之间缺乏联系，建筑与环境之间没有对话，这种关系还应该包括人们的生活与建筑、与整个城镇的关系，一种生活形态甚至决定了整个城镇的形态，进而成为主导城镇特色的重要因素。我国中小城镇的数量不断增加，但由于地区发展的极度不平衡，如东部与西部的中小城镇，无论是在经济发展还是在投资上都有显著差别。

在城镇里，我们找不到历史，所以，我们迷失了特色。随着中小城镇规模的扩大、建设的加快，原有的城镇特色遭到了巨大破坏。中小城镇居民的居住、生活以及交往模式都有了很大的变化。城镇的功能和性质也随之改变，这些变化对于中小城镇特色的构成要素产生了巨大影响。就小城镇特色的物质因素而言，现代的广场空间、公园绿化、环境小品等都不同于传统中小城镇特色的构成要素，更不同于乡村的物质空间形态；就小城镇特色的人文因素而言，现代文化的冲击使许多传统的地域文化面临着消失的危机。

三、危急时刻——中小城镇特色与风貌建设面临的尴尬

大多数城镇都是在一个相当长的时间里积累生长的产物，城镇时刻都面临着重生与衰亡、发展与停滞、保存与毁灭的选择，但它们又总是以一个相对稳定的过程来适应这些变化，尤其是如道路等组成城镇格局和肌理的因素，在城镇发展的过程中，城镇格局和城镇形态是表达一个城镇特色和城镇风貌的依托和背景（见图3-3）。然而，现在的中国在城镇的发展建设中，往往追求超乎寻常的发展速度，这极大地破坏了城镇的特色。当代中国在城镇建设和发展中，总是以切断城镇的精神根源和抹杀历史痕迹为前提，这无异于割裂了城镇与历史的关联，导致了城镇特色的缺失、城镇形态的不连续和城镇风貌的断层。

图 3-3　依托城镇格局和形态的城镇特色

现代的中国建筑不再着力古典意境的营造，缺乏与诗词、绘画等艺术形式的结合，与自然意志的违背，中国的建筑已经失却了传统文化的内核。古典建筑往往"有诗为证"，而现在的中国建筑再也难以找到这样浪漫的语言了。中国建筑受到西方文化的入侵并盲目追随，人们希望从古典建筑中寻找根基，此时的根基却是建立于西方建筑理论之上的。

在认识到这些后果以后，我国一些城镇开展了一系列的"修复""保护"等活动，甚至重新修建被毁掉的历史文物建筑（见图3-4），然而这些活动也沦为了快速城镇化进程中的幌子，城镇空间结构和形态受到了严重的破坏。中小城镇特色和城镇风貌最直观的体现是建筑风格。在20世纪80年代初，我国的建筑还保持着地方特色，各地民居有着强烈的乡土地域特征，如江南小巧玲珑的民居与北方厚重的四合院。随着改革开放以后经济的发展，城镇化的进程进入了白热化阶段，中小城镇大量建设居住建筑，出于对卫生等基础设施的要求，最普遍的居住建筑是2～3层的楼房，各地已经没有了区别。传统民居的特色正在消失。然而，这种根据当地自然地理条件和气候而建成的民居，如藏族的平定碉房、西北的窑洞等，其本质是遵循自然规律而建成的，更加贴近我国古代"天人合一"的哲学思想，生态性的建筑材料赋予了它们更深远的意义——可持续发展的生态居住方式。就小城镇特色的自然因素而言，在经济发展的压力下，牺牲环境以求发展的现象非常普遍。

图 3-4 仿照历史建筑修建的城镇建筑

（一）保护与发展的矛盾

营造城镇特色，还应注重对历史文化遗产的保护和利用。然而，在中国的许多城镇中，也存在着为了城镇建设对历史建筑进行拆除还是保护的矛盾。文物古迹、历史建筑（见图3-5）、历史街区（见图3-6）等是经过了长时间的建设而形成的，它们经历了历史发展，在建筑环境中最具有特色的就是具有历史意义的建筑物。文物古迹、历史建筑、历史街区记录了城镇文化的精华与岁月的变迁，它们是一个时代、一个地区文化的表达（见图3-7）。城镇之所以能延续至今，很大程度上依赖于城镇文化的延续。意大利的古罗马，经历了几乎遭到毁灭的历史，然而现代的罗马人将残破的遗迹细心保存，使得罗马城曲折的历史得到了延续。感受一个城镇的魅力，就是与城镇一起解读城镇的文化、追溯历史的流动，这是一座城镇得以长久存在并生长的根源。为一时的交通而扩路、拆除大量历史建筑，会使被割裂的区域失去传统的生活功能和生命力。

图 3-5　古老的城门

图 3-6　历史悠久的街道

图 3-7　历经岁月的古老街区

（二）传统与现代的矛盾

在人们的直观感受中，任何一个新建的城镇都没有旧城好，因为新建的城镇缺乏记忆的场所、历史的故事，如巴西的巴西利亚等城镇，虽然有完备的基础设施、规划整齐的城镇广场绿地、网格状的道路系统，然而过于严整规划的城镇表达的是建筑师所希望的理性和秩序感，其冰冷的城镇形态却没有与历史的互动和对话，人们在这里找不到归属感。同样，摒弃了传统形式的现代化城镇都面临着这样的矛盾，也是传统城镇形态和现代化的生活方式之间的矛盾（见图3-8）。

图 3-8　冰冷的工业城镇

从字面上来看，传统与现代可能表达了两个时间段的状态。然而，它们在本质上并不应该是对立的。地域空间的本土象征，也可以用现代的方式进行表达，而现代化的科技、理念也可以由传统的材料、手段实现。两者在塑造城镇特色及风貌的同一目标中，应该是和谐而统一的。在对于地域自身建筑文化传统的继承上，应该以发展的、动态的眼光进行判断，由本土的地域条件融入现代化的手段、技术，形成整体的地域个性，摒弃传统中落后的部分，加以创新改进，从而塑造现代化大背景之下的城镇地域特色和风貌。

城镇特色是随着城镇的演进而产生并不断发展变化的，在现代化的城镇进程中，城镇的建设不断进行着吸收，这也是城镇文明发展的必然。其实，传统并不意味着落后，现代化也不仅仅代表了先进。新旧的交替不应该是不可调和的矛盾，每个城镇都应该找到传统建筑形态和现代生活之间的平衡点，这必然是一个漫长的过程。

（三）公共利益与经济效益的矛盾

一个城镇规划从设计到实施涉及社会各个部门、各个阶层的利益，而由于我国各项制度的不规范、不完善，许多规则成为"弹性"制。在城镇规划的一系列操作中，公共的利益往往成为经济效益的牺牲品，规划控制与实际实现发生了脱节。在现实生活中，规划者所追求的城镇空间整体性与协调性往往不便于操作，造成了为追求最高效率的建设而牺牲城镇整体性风貌的后果。但是，由于城镇设计并不是一个法定的依据，其本身并不具备法律效力，所以我国大部分的城镇特色塑造还停留在意向层面。而许多城镇特色的缺失和风格的杂乱，也极大地反映出了屈服于利益之下的建设活动。我国对城镇开发的控制往往是针对容积率、红线等，而对于具体的对城镇整体特色的贡献则是次要的，对开发商的妥协造成了公共利益的牺牲。后果便是城镇整体风貌破碎，缺乏和谐的秩序和统一的形象，一些特色景观只存在于个体建筑或场所中，无法形成统一的城镇整体特色。

（四）文化传承与现代文化创新的矛盾

在中国飞速发展的城镇建设中，许多地方的建筑已经渐渐失去了特色，城镇建筑的雷同和相似造成了城镇之间的相似，走在街道中，人们已经难以从一座建筑、一个广场中判断所处的城镇。科学技术的发展深刻地影响了城镇的形态，建筑技术的不断进步使得人们在建设中，一味追求创新，钢筋水泥、玻璃幕墙和人工照明广泛应用于城镇建设中，造成了无差别的城镇（见图3-9）。当城镇的建设以越来越复杂、越来越高大的建筑来标榜其经济的发展，甚至作为美的象征时，这些建筑就失去了当地的文化，变得与居住者的记忆毫无联系，不再关注当地的传统文化和情感需求。虽然城镇在发展，科技在进步，人类对于技术的掌握极大地反映在城镇的建筑中，然而建筑想要获得可持续发展的价值，个性有着重大的意义，但是建筑更应该成为反映地域文化、经济甚至政治的载体，具有鲜明的地方性和民族性（见图3-10）。

图 3-9　无差别城镇

图 3-10　具有鲜明特色的古老城楼

（五）特色与风貌的继承、发扬与丢失

传承了中国古典哲学思想的中国传统建筑是中国传统文化的精粹，崇尚天人合一、返璞归真、道法自然的思想。然而，在我国改革开放的30年中，城镇建设突飞猛进，城镇建设进入了史无前例的规模，并且一直持续到现在。在大规模的城镇建设中，许多历史建筑被拆除，传承自中国古代的传统文化也被割裂，1992年，矗立了80多年的济南老火车站被拆除（见图3-11）；1999年，国家历史名城襄樊的古城墙遭到拆毁（见图3-12）……发展的城镇基于"破坏"之上，技术革新加速了城镇化进程，也加速了城镇历史建筑遗产的毁灭，高效率建筑方式使城镇建筑呈现出标准化的共性，富有地域特色的历史性建筑被大量拆毁。大量新兴的中小城镇更是盲目跟风，抛却本身的地域特色和置乡土文化于不顾，以追求楼层高度和新奇为目标，造成城镇没有统一的风格，杂乱无章；也有的城镇对传统建筑采取生搬硬套的模仿和重建，仿古建筑、仿古街道层出不穷，却并不因地制宜，与人们的使用需求脱离，空有传统形态却并无传统文化和生活，有形无神，城镇空间形态所传达的人文意向和精神文明变得模糊。

图 3-11　济南老火车站被拆除前

图 3-12　襄樊的古城墙被拆毁

城镇特色的丧失将严重危害城镇的发展，割断城镇发展的文脉，失去历史底蕴。任何城镇都有属于自己的历史渊源，都有自己的历史文物、神话传说、传统风俗等，这些都是人类文明的财富，民族文化的积淀是最能够体现城镇特色的非物质元素。

四、剪不断，理还乱——对当前中国中小城镇特色与风貌的理论与实际意义上的理解

美国著名城市研究专家詹姆斯·特拉菲尔（James Trefil）说："科技改变城市面貌，欲望则铸造城市的品格。"在大规模城镇改造的过程中，一些有历史价值的建筑被拆毁，一些有文化内涵的街区被取代，一些有生活记忆的方式被改变，城镇的空间组织群体互相交织纠缠，剪不断，理还乱，这种困扰和危机现象越演越烈，城镇特色和风貌特色不断被动荡捣碎。

（一）从建筑中反思城镇建设

一百多年前，有一位叫史密斯的传教士写了一本名为《中国人的性格》的书。书中分27章详细描摹了他眼中中国人的性格，并予以充分论证。百年后的今天，当亚洲"第一高""最大规模"层出不穷地出现在曾经古老的土地上时，我们还是没有看清自己的性格，这些面目模糊的巨大构筑物们仿佛为我们做了一个最好的注脚。

在谈到中国文化的时候，我们总是倾向于回忆曾经波澜壮阔的历史文明，指着故宫、江南小镇（见图3-13～图3-15）向人们炫耀强大，因为我们比任何时候都怀念传统文化的强大。在中国的历史中，作为东方传统文化和哲学的物质载体，中国建筑一直是独树一帜的。其所反映的东方美学、严格的伦理制度，以及对人生的关怀，无不蕴含在其表达的哲学境界中。构成城镇文脉的重要元素是建筑，而构成建筑文脉的重要元素就是文化的传承，建筑物是人类文明的依托，它不但承载了文明，也支撑着文明。

图 3-13　故宫

图 3-14　江南小镇西塘

图 3-15　美丽的小镇婺源

（二）传统文化精神

中国的传统精神文化加载于建筑并通过城镇进行着传递。我们的历史崇尚的是自然之美，并将其置于人工之美上。与自然的融合一直是传统文化所追求的，这起源于中国天人合一的哲学，因此中国很早就有了田园诗和山水画，并将对山水田园的追求表达于城镇与园林之中。例如，在宋元时代的山水画中可以看到，民居并不讲究对称与平衡，而是一种浑然天成的美。除了精神文化，制度文化同样对城镇形态的发展产生了影响。制度通过礼法使城镇和建筑规范化、标准化。这样一种城镇形态长期存在并得到发展，因为中国的社会核心、民族精神始终是建立在伦理秩序之上，并由儒家文化长久维持的，一直到今天也还未有改变。儒家文化中的天人合一、长幼有序、温良恭俭等理念，应该是城镇对于传统文化的传承。无论是大型的宫殿建筑，还是小型的民居，都引入了方向、节令、风向和星宿的象征主义，这是人类对自然的基本情怀，也是中国传统文化的精髓（见图3-16）。

图 3-16　中国传统的民居

（三）人文精神的缺失

今天，中国独特的精神文化随着城镇毫无章法的发展而岌岌可危。反观在破坏过后的建设活动中，城镇建设进入了趋同阶段，大规模的批量生产导致了城镇的毫无特色和凌乱的风貌，如千篇一律的居住建筑，以最高效的方式进行建设，而毫不顾忌与城镇整体建筑风格的协调；以及钢筋玻璃高楼大厦的建设，只是为了炫耀而建的面子工程。人们意识到城镇需要自己的特色和风貌，只有以良好的城镇特色和风貌为前提，才能为城镇经济的良性发展提供基础，同时使城镇的居住者获得归属感、认同感。然而，由于对特色认识的片面性，使得在城镇特色的塑造中，以建设现代化的城镇为目标，对现代化的理解则成为更高、更新奇，其他城镇争相模仿一些较好的城镇规划，片面地认为提升物质空间的质量就等同于塑造城镇特色风貌，而忽略了城镇自身的特色、优势，无视城镇的本土风情，造成了城镇特色的缺失、风貌的模糊（见图3-17）。模仿是人类的本性，因此在城镇特色的危机中，人们首先选择模仿国外一些城镇的规划和特色，对自身文化、民俗的忽视，反而加速了我国城镇特色破坏的进程。

图 3-17　千篇一律的现代城市

第四章 路漫漫其修远兮：长期的重任

——中小城镇特色与风貌的塑造

2011年，按照中共中央、国务院发布的《中共中央关于全面深化改革若干重大问题的决定》精神和胡锦涛总书记的讲话要求，加强社会主义核心价值体系建设，而核心价值体系主要精神是精神文化建设。而时任上海市委书记俞正声在讲话时也强调，文化是整个经济社会发展的灵魂，而价值取向就是文化的灵魂，进一步传承和发扬中国城镇的独特文化风格和特色，倍加珍惜和利用文化资源和优势，大力弘扬开放、多样的特色，是时代的特色，也是发展的趋势。

根据2015年国家统计局数据，中国城镇化率达到56.1%，而未来中国城镇化率将达到95%以上，中小城镇特色的塑造不是短时间内能够完成的工程，"路漫漫其修远兮"，中小城镇城镇特色与城镇风貌的塑造将是一个长期而任重的过程。

一、继承与发展的基础——城镇特色与城镇风貌的分析

城镇特色与城镇风貌的产生、发展是由其所处地理环境、历史沿革以及经济社会发展等诸多因素决定的，既是一个历史发展的过程，也是一个庞大复杂的社会系统工程。城镇独特的自然环境，丰富的人文资源，快速的经济增长为塑造城镇特色奠定了良好基础。如何继承与发展城镇特色与城镇风貌，关键是要提高认识，更新观念，处理好多样与协调、重点与一般、继承与创新、发掘与借鉴的辩证统一关系，因地制宜、因势利导地塑造城镇特色与城镇风貌，合

理构建城镇特色与城镇风貌研究框架体系。

（一）基于城镇形态起源的城镇特色与城镇风貌

按照美国著名城市规划理论家刘易斯·芒福德（Lewis Mumford）的观点，最初的城镇起源于宗教活动，其本身的目的是单纯的。最初的城镇经过发展建设，在特定的体制下，最终得以形成独特的城镇形态。例如，在西方的古希腊、古罗马的城邦中，庞贝城、米利都城、古罗马的普南城、罗马城与提姆加德城等，城镇形制都是呈方格网状规划排布的，有规划整齐的居住区，这是由于古希腊的城镇建设中希波丹姆（Hippodamus）（见图4-1）的城镇建设体系，从哲学和实用两个方面出发，采用方格网式的街道系统，并与城镇的镇场和公共建筑群结合。维特鲁威（Vitruvius）在《建筑十书》中论述了城镇规划设计的理论：规则的方格设计与轴线道路，都是模仿人体的。

图4-1　希波丹姆模式

中国古代城镇的产生可以说是世界上最早的（见图4-2），我国古代的文化在城镇建设的过程中达到了成熟的状态。传统的思想认为，社会是有高低层次组织的结构体系，城镇也是按照如此的社会层次布局。因此，城镇按照严格的规则有突出的轴线、强烈的对称。西方的城镇，宗教是社会中心。儒家哲学是统治中国封建社会的总理论，而基督教神学则是欧洲封建社会的总理论。西方人认为，人的灵魂是由上帝所赋予的，肉体死亡后灵魂归于天空。希腊半岛的地理环境不适合于农耕，经济生活方式以种植业、手工业和商业贸易为主，古希腊神话中土地的卑微地位与这种经济生产方式有关，他们崇拜草原、大海和天空，对土地淡漠。罗马文化充满科学探索精神和人文精神，这与城镇规划和建筑设计的原则是一致的，古希腊、古罗马将城镇轴线道路交叉中心作为秩序的原点，是权力的象征，空间的秩序和引导体现在建筑、柱廊、台阶等连续的整体空间和内部空间的有机组织上。城镇布局遵循比例美感，对尺度有具体精确的研究和控制。在后来的发展中，中国的城镇不顾城镇形态产生的根源，一味模仿西方城镇的发展方式，导致城镇特色的日渐薄弱，甚至彻底消失。

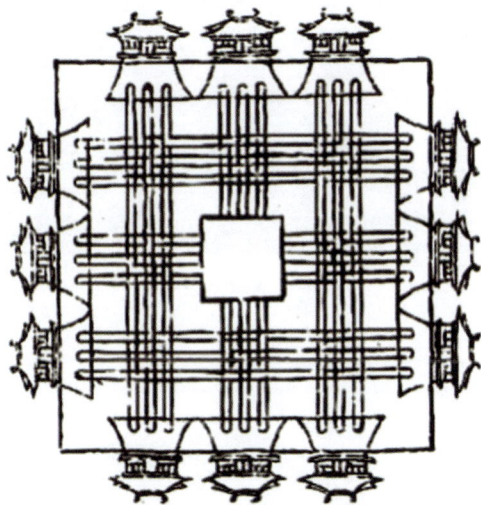

图 4-2　见于《周礼考工记》

在确定中小城镇的城镇特色及风貌中，分析城镇形态的起源，即城镇的功能定位是首要条件。例如，北京的长城、古希腊城邦中的街道布局，都是出于军事目的而建成的，在现代反而成为城镇特色的组成。因此，分析城镇的功能定位，才能进一步确定适合城镇的特色和风貌，如旅游城镇、工业城镇还是生态城镇等。这些定位应该充分考虑城镇的经济、社会、文化发展现状及现有的资源及特色。

（二）城镇与时间——城镇特色与城镇风貌形成中的历史背景解读

城镇是人类生活的载体，每一个城镇的现在都是构成历史的碎片。城镇书写历史，历史组成城镇。城镇的变迁、阶级的分化、朝代的更替，都是城镇无形的空间景观。越是发展，人们对历史的追忆越是强烈，而属于一代人的记忆和精神则显得更加难能可贵。例如，柏林的柏林墙（见图4-3）、罗马的万神庙（见图4-4），都使得历史以最清晰、直观的方式得到延续，而居住者对它们的理解则更为真切和深刻。

图4-3 柏林的柏林墙

图4-4 罗马的万神庙

　　城镇特色存在的最终目的包括两个方面：一方面有利于人们对城镇环境的认知，满足审美需求；另一方面有利于城镇场所感的形成，增强人们的归属感。在当前信息化的世界，信息的传播几乎达到了全球同步，这也使得文化之间的差异逐渐减弱，城镇的建设也越来越相似，性格越来越平淡。城镇特色的塑造应该最终回归以人为本的理念中，以人的归属感、认同感为最终目的。这种特色和风貌应该包括文脉上的联系和人在使用中的场所所赋予的环境氛围，这种氛围的形成必定是以文化特征为本质的，人们的情感应该是城镇特色和风貌塑造中的动力因素。

城镇空间构成和人文景观是由当地传统文化积累而成的。因此，一些生活化的场景正是人文历史的体现，如一些老字号店铺、传统的商业街、地域色彩浓厚的民居，正是这些富有生活气息的环境为当地居民所认同、所喜爱，如我国南京的夫子庙（见图4-5）、成都的春熙路（见图4-6）等，它们是以城镇居住者对传统文化的依恋和对传统生活的追溯所做的设计规划，它们延续了传统生活，也是构成城镇特色的重要组成部分。

图4-5 南京的夫子庙

图4-6 成都的春熙路

对于城镇居住者来说，基于城镇历史文脉的地域特征是他们认同感的需求，而对于游客等观察者而言，则是认识这座城镇的需要。当突然被孤立无助地置于全球化的风暴中时，人们会坚持他们的自我：无论他们拥有什么，无论他们曾经是什么，这些都会带给他们认同感。因而一个城镇迁移者，总是通过移植自己的建筑文化于新的城镇之中来寻找认同感。就像美国的唐人街总是有中国式的牌坊，其实是通过重现特色建筑来寻求自己的归属感的表现。

在2001年的英国电影《十分钟年华老去》中，陈凯歌导演的《百花深处》里，疯老头在脑海中为观众还原了一幅画面，这一幕极其震撼：一座四合院一点一点凭空出现，一砖一瓦一树，甚至屋角还挂着一串风铃。"城墙上面面积宽敞，可以布置花池，栽种花草，安设公园椅，每隔若干距离的瞭望台上可建凉亭，供人游憩。在城墙或城楼上俯视护城河与郊外平原，远望西山远景或禁城宫殿，它将是世界上最特殊公园之一：一个全长达39.75km的立体环城公园……"是《城记》一书中最让人动心的一幕。充满浓郁的、历史感的景象，让人们的记忆有了归宿，不同时期的历史景观进行碰撞，而对功能复杂化、形式新颖化的追求总是使这一平衡被打破，属于历史的景观不得不做出让步。

（三）城镇特色与城镇风貌是设计出来的吗？

规划一词本身的含义是进行比较全面的长远的发展计划，是对未来整体性、长期性、基本性问题的思考、考量和设计未来整套行动方案。其中所蕴含的认为干预、控制的因素也成为城镇特色形成的阻碍。刘易斯·芒福德认为，欧洲中世纪城镇规划很大程度上是追求整齐与美观的，而设计则是工业革命以后而产生的概念。随着高效率的流水线式的大规模生产，城镇的建设也不再是"自由发展"，而变成了一种强制性的、急功近利的建设模式。当然，城镇的建设与发展并不是以艺术的美感为全部的目标，然而在浩瀚的历史中，城镇本身却成为人类开展建设活动以来最伟大的艺术作品。因而，每一个时代的审美文化与精神追求都为一个时代的城镇烙上了不可磨灭的印迹。从霍华德的"田园城市"（见图4-7），到奥斯曼的"巴黎城市规划"，从柯布西耶的"理想城市"，到巴西利亚的崛起，人类对城镇探究从未停止。而正是这些源于每一个时代背景的研究和实践，理想和现实发生着越加剧烈的碰撞。

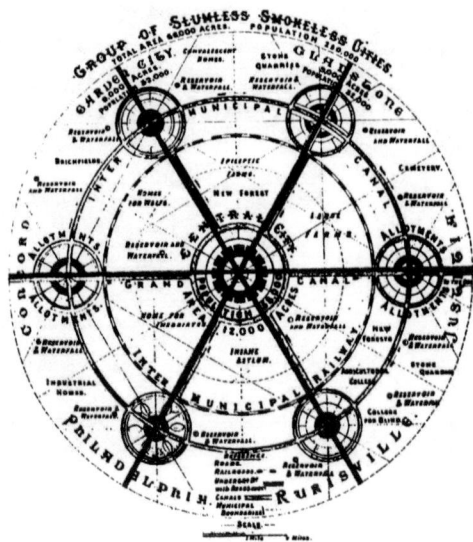

图 4-7 《明日的田园城市》插图

　　属于一座城镇的特色究竟是不是被规划与设计出来的？所有的手段都是为了一个既定的目标吗？古老的巴黎在奥斯曼近乎残暴的重建下，才有了今天令人惊叹的林荫大道、城镇轴线，古希腊的小城邦在统治者的压迫下得以建立，然而它们都成为今天具有特色的城镇的代表与典型，为后人所赞叹、憧憬，昨天的历史都变成了今天的追忆，昨天的规划变成了今天的特色。城镇的特色是不是只有在近乎严格刻板的规划下才能具有特色，并在未来焕发出璀璨的光芒？

　　丽江的青石板小路旁（见图4-8），没有了牙齿的老人静静地坐在小圆凳上，背后的店里写满了纳西族古老的象形文字，潺潺流水淌过人工开凿的水渠，带来浣洗少女们轻快的笑声。这些美好的景色，源自与城镇整体的生活氛围，而这种生活氛围恰恰是特定城镇的形态才能带来并赋予的。试想，在大都镇的钢筋混凝土大楼下，又怎么会有摇着蒲扇、悠闲静坐的老人呢（见图4-9和图4-10）？生活来源于城镇，而城镇又恰恰来源于生活。在现代科学、建造工业大规模发展的时代，带来了不可抗拒的生活方式的改变，这些本来如桃源一般的城镇不再能自成一统，默默存在。因此，合理的规划和设计是必然的，而规划并不代表再像过去那样简单地全部重来，必要的引导才是中小城镇进行合理的转型发展所必需的。当城镇具有了自己的特色，也就具有了属于自己动人的景象，设计只是设计城镇的外在，如道路、建筑等，而不能设计城镇居住者的生活。

图 4-8　丽江的青石板小路

图 4-9　闲静的丽江

　　中小城镇的城镇特色并不应该是要完全推翻原来的城镇形态布局，如滨水型中小城镇，由于地形的原因，小城镇通常因地制宜地布局，中小城镇的道路、建筑、室外空间都同平原型小城镇有着很大的差异。同时，河流的地形又有着相应的当地特色产业，从而影响到中小城镇的经济构成、经济发展模式。例如，东平县戴庙，一面靠山东省第二大淡水湖——东平湖，另一面靠黄河，当地农民、渔民多以水产养殖、捕捞以及加工销售为主导产业，由于常年有水患发生，建筑、道路都筑有高台，形成了独特的建筑风格；不同的民族又具有不同的特色，同一民族因居住的地域不同，地理环境、气候不同，也会产生明显的地域差异，从人的居住方式、生活习惯开始，影响到人的服饰、房屋和城镇的格局。这种差异也是中小城镇特色的根源，而不是单纯"设计出来的"。例如，客家人在由北向南的长途跋涉和频繁的迁徙中，不仅保留了古老汉民族固有的优秀文化传统，而且还吸收了闽越族、瑶族等少数民族的优秀文化和风俗，从而使客家文化独具特色（见图4-11）。

图 4-10　悠闲的生活

图 4-11　独特的客家文化

（四）城镇特色与城镇风貌塑造框架图

以打造特色鲜明的城镇空间秩序为思路，通过具体的控制措施和对城镇的物质要素、非物质要素的引导，构建城镇特色与城镇风貌塑造框架，内容主要包括三个部分。首先，通过上位规划研究和城市特色资源要素分析，确定城镇特色与风貌发展总体定位；其次，站在整体设计角度，构建城镇特色与风貌总体结构；最后，通过总体、片区、节点等各层面的城市特色和风貌各要素塑造城镇特色与风貌（见图4-12）。

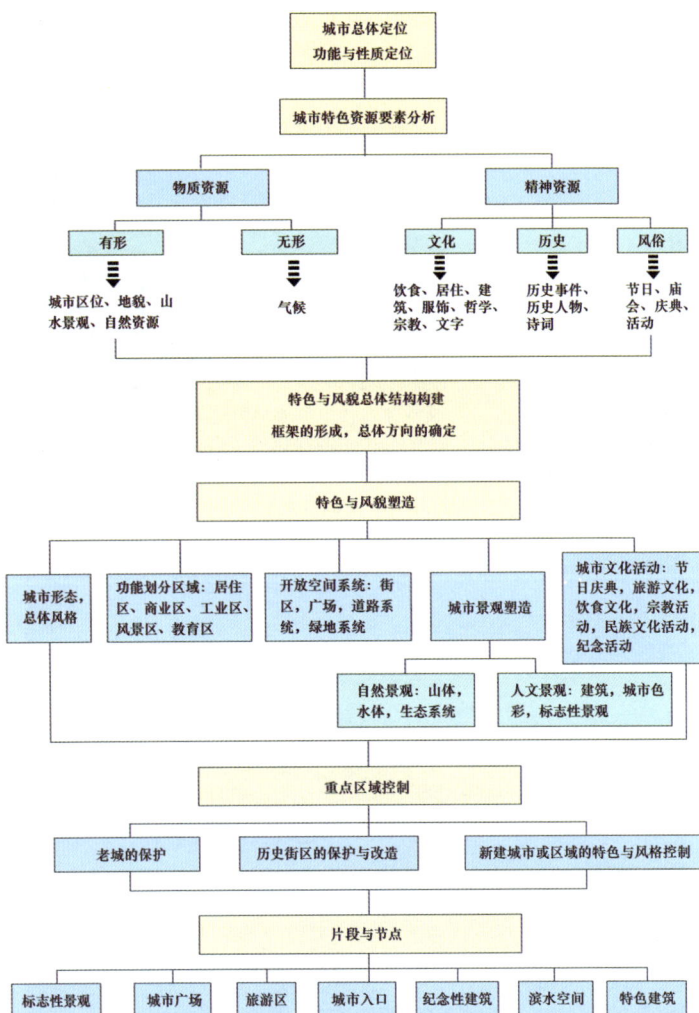

图 4-12 城镇特色与城镇风貌塑造框架图

二、基因图谱的作用——城镇特色与城镇风貌中特色要素的提取

美国学者H.L.Harnham在《维持场所精神——城镇特色的保护过程》一书中阐明，构成城镇识别性的主要成分为：物质特征和面貌（Physical features and Appearance）、可识别的活动和集会（Observable Activities and Functions）、意义和象征（Meanings or Symbols）。由此，将中小城镇的城镇特色和风貌分为物质要素和精神要素进行提取，决定它们的是中小城镇的自然条件、社会特点、经济特点和历史文化背景。

（一）物质要素提取

自然地理环境为城镇的发展提供了最基本的条件，不同的地貌类型影响了城镇的布局和形态。例如，平原城镇的平铺直叙、滨水城镇的自由灵活、山地城镇的立体布局，还有沙漠城镇、高原城镇的苍茫等，都为城镇特色的塑造提供了天然的物质要素（见图4-13），也是塑造城镇特色和风貌的制约条件和前提。不同的气候也影响了城镇的文化和地域特色。优美的自然环境是中小城镇区别于大都镇的重要特色。从空间布局来看，中小城镇更加贴近自然。人口规模和密度相对较小，人们的生产生活活动对自然环境的影响也较小。中小城镇有着开敞的绿色空间，合理开发利用，可以营造出适合于生存的生态化的中小城镇城镇特色和风貌（见图4-14）。

图 4-13　天然的物质要素

图 4-14   有着自然背景的意大利小镇拉维罗

（1）有形的物质因素，即自然地形地貌特征，如山、河、海等，在塑造城镇特色及风貌方面，一方面体现在自然直接构成城镇景观的一部分，另一方面则间接地表现为地表对人文因素的影响，即城镇怎样利用现有的地貌条件，与自然环境进行的有机结合。如水系对中小城镇的影响，自古以来，很多文明的城镇都选择了依水而建，河流影响了城镇的布局结构，如天津内城很多街道都是沿水面平行、垂直排布，形成了别具特色的城镇路网；意大利的威尼斯是世界著名的水城，当地人充分利用水资源将城镇建成了水上城镇，现在威尼斯便以其独特的水路交通景观闻名于世。

在城镇规划中对自然环境的利用与创造，作为城镇特色和城镇风貌的基础和背景，显得尤为重要。在规划中，需要将山、水合理安排到城镇中，使城镇中有山、山中有城镇，或者利用借景、对景，利用山水景观创造鲜明的城镇形象（见图4-15和图4-16）。如我国镇江镇独特的山水景观，有"一山横陈，三面环山，城中见山，山环水抱"之说，造就了山、水、城镇相互交融、相互渗透的独特风貌（见图4-17）；连云港"一镇双城"式布局；常熟孤城"七溪流水皆通海，十里青山半入城"的不对称城镇格局。

图 4-15　山体环抱的意大利小镇贝加莫

图 4-16　城镇形象鲜明的婺源

图 4-17　景观和城镇相互交融的独特风貌

在我国，地形地貌丰富多样，包括平原、高原、山地、湖泊、海洋、沙漠等，这是小城镇特色构成的主要要素之一。这些地形地貌可以构成富有特色的自然景观：如吉林雾凇成为当地特有的自然景观；桂林阳朔的岩溶地貌成为当地的标志；对独客宗古城保护规划，以大龟山为中心，延续了古城特色。

在物质环境的要素提取上，不仅仅是对如山、水、绿地等自然景观的提炼创造，还应包括地貌、气候等对城镇风貌和特色的影响。城镇用地规划的布局结构，可以把山、水等自然景观合理组织到城镇中，作为城镇的绿地或绿化带，既可以达到美化城镇的作用，还可以为城镇居民提供休憩场所，优化城镇的自然生态。如云南迪庆的天葬台、白水池，经过自然流水冲刷而形成的层层水池，都可作为重要的物质要素形成城镇特色（见图4-18和图4-19）。

图 4-18　有形的物质因素（1）

图 4-19　有形的物质因素（2）

（2）无形的物质要素，即不以自身形象特征出现在城镇中，为特色景观的自然因素，如风、降水等，它们为人们间接感知的要素而存在。气候实际上也是一个区域的自然特征，从而通过城镇的传统建筑和文化风俗等表达。

不同城镇所处的地理位置、地形条件、气候条件的不同，形成了一个城镇区别于其他城镇的空间特征，纯粹的自然背景是影响城镇特色和风貌的主要环境因素，也是后期人为塑造城镇特色和风貌的源头和基础。城镇规划应该充分尊重城镇的山、水、绿地等自然景观要素，并围绕其进行特色建设。如荷兰是个低于海平面的国家，当地人充分利用荷兰的自然资源——风，在对这种自然能源利用的过程中也形成了当地的特色景观——风车，风车也成为荷兰的图腾（见图4-20）。而热带地区的中小城镇建筑形式是开敞的，注重夏季的通风，北方地区的建筑则比较厚重、封闭。新疆、青海等西北地区的建筑采用厚重的土坯墙（见图4-21），南方的厅井式建筑，设置较小的天井式院落（见图4-22）。不同的气候反映在城镇建筑中，形成了统一的城镇风格。而在中小城镇中，这种浓郁的地域性特色会表达得更加强烈、完整。

图 4-20　荷兰极富特色的景观——风车

图 4-21　厚重的土坯墙

图 4-22　小的天井式院落

在文化风俗方面，不同的气候也会影响人们的饮食文化。如四川盆地的湿热地区，气候潮湿，人们养成了吃辣的习惯。不同气候影响下的农作物不同，也形成了独特的景观。

（二）精神要素提取

城镇的精神是一座城镇的灵魂，是一种文明的素养和意志品格的反映和提炼，是一种生活信念与人生境界的高度升华。城镇精神要素的提取是要传承文化精髓，发展有历史记忆、地域特色、民族特点的美丽。

1. 内涵文化

城镇特色的组成要素来源于城镇政治、文化、宗教等，它们是城镇特色和风貌来源的精神要素。城镇文化等精神要素包括历史文化、民族文化、传统习俗（见图4-23～图4-25）、镇民生活等，它们体现在居住者的思维方式和日常行为中，比如中国古代讲究封建礼制，在城镇的营建上也有严格的礼制建制，建设的方式已经规定好，源自周代的营国制度成为历代帝王营建都城的根本依据，强调尊卑有序的体制，主导思想要体现"天子之威"，突出以天子为中心，表达城镇高度集权的政治体制，因此产生了有明确轴线

图 4-23　传统的花灯文化

的方格的城镇形制。不同的文化产生了不同的审美观，不同的哲学体系又产生了不同的建设规则，从而导致了不同的城镇特色和城镇风貌（见图4-26）。

图 4-24　悠久的历史文化

图 4-25　独特的民族文化

图 4-26　不同文化下形成的城镇特色

城镇的特色历史景观随着丰富多彩的神话传说流传至今，其中许多具有历史意义的景观也成为城镇崇拜的图腾，从而作为城镇的标识赋予了城镇不同于其他城镇的独特风貌和特色。除了这些神话传说，一些历史人物也可以作为构成城镇特色的精神要素。这些历史人物作为曾经的城镇居住者，也在城镇中起到了不可磨灭的影响，甚至改变了城镇的面貌和传统。他们作为活的历史"遗迹"，其本身便承载了城镇的精神，后世的人们对城镇的理解往往伴随着对生活在其中的历史人物进行。如四川的都江堰，李冰父子作为拯救城镇的英雄人物被纪念至今，而纪念他们的场所本身也成为城镇的特色景观，组成了城镇文明；杭州西湖的苏堤，也是为了纪念北宋文学家苏东坡而得名，"苏堤春晓"作为西湖十景之首，更有诗句流传至今："孤山落月趁疏钟，画舫参差柳岸风；莺梦初醒人未起，金鸦飞上五云东。"优美的诗句伴随堤岸的精致，成为杭州城镇绝佳的标志，塑造了杭州精致、柔美的城镇意象。

中国建筑的成果往往夹杂于史记、文学材料中，伴随建筑产生的哲学、美学与文学，充满了浪漫主义色彩。如在范仲淹的《岳阳楼记》中，寄托于岳阳楼的精神，使岳阳楼成为了历史的再现，人们得以凭借这样一座建筑来缅怀延续至今的思想。中国能决定建筑形制的决策者也可能是文人，正是因为这些文人的参与，建筑才能承载大量的文化并得以以文化、伦理甚至是政治的方式延续。另外，不同地域的饮食、居住、服饰文化，还有哲学思想、宗教信仰等文化，也会有很大差异，比如新疆的伊斯兰文化，内蒙古游牧民族的帐篷式建筑，南方儒家哲学天人合一的山水园林，西北大漠戈壁的高原地貌等，都是塑造不同城镇特色及风貌的依据。

另外，源于地域文化的传统工艺、名土特产，甚至生活方式、宗教信仰等，这些乡土文化都构成了富有地方特色的文化。浓郁的地方文化组成了独特的城镇语言、形象，反映了城镇的精神，如安徽泾县宣纸工艺，以及昆剧之乡、南音之乡等具有浓郁地方特色的文化也为城镇特色塑造提供了元素。

2. 历史记忆

历史的沉淀决定了城镇特色与历史文化、传统民俗紧密相关的特性，然而今天的城镇就是明天的历史，城镇特色和城镇风貌总会与未来相关联。城镇特色的塑造也总是离不开围绕过去、现在和未来三者进行协调和处理。以德国的柏林为例，由于其所经历过的特殊的历史时期和政治事件，20世纪的柏林城完成了城镇统一的风貌和空间格局，两德统一后对首都的重建活动，造成了柏林城镇历史与现代共存，多元化的整体城镇特色。对重要古迹、传统地区及建筑进行保护，从建筑造型、体量、布局等方面与之进行协调（见图4-27），在旧城区的改建、扩建中，注重与原有建筑及历史文化古迹协调，使之符合传统的民俗风貌（见图4-28）。从用地、道路网络、建筑风格上延续传统文化，并赋予其新的意义。

图 4-27　对传统街道的保护

图 4-28　对旧城区的改建

　　历史和传统造就了城镇的特色和个性，鲜明的文化特色与强烈的地域色彩，来源于这座城镇的历史、居住者的价值观和蕴含于其中的记忆与隐喻。来源于鲜明的民族特色和文化气质的城镇，才能在世界上占有属于自己的地位。

　　一个城镇或地区总有其长期文化积累而形成的特点，都有其引以为豪的历史人物和历史事件，如杰出人物、重大成就、重要历史事件等。取自于城镇风俗、节日、重大历史事件、重要历史人物的元素，可以构成城镇独特的风貌。如记载了联邦德国和民主德国统一的柏林墙，承载了大屠杀惨痛历史的中国南京，曾受到原子弹荼毒的日本广岛，都由于其特殊的政治历史事件而具有了各自凝重的特色和风貌。

　　城镇历史组成城镇记忆，成为城镇生活的一部分，从而构成了城镇特色和风貌。城镇的特色与风貌不可能在短时间内构成，而必然会通过一个较长的历史阶段逐渐累积而成。在城镇记忆中，城镇的历史事件、生活模式会被继承下来，并通过特殊的景观加以体现。属于一个城镇的特殊记忆代表了这个城镇不同于其他的唯一性，因此，游客可能在两座城镇看到相似的自然景观或人文景观，然而由于其中所承载的记忆不同，使得两座城镇在相似的景观中有着本质的区别。如同为江南水乡的江苏同里，和周庄相比较，周庄更多地体现了商业元素（见图4-29），而同里则是江南温婉儒雅的文化氛围（见图4-30）。

图 4-29 周庄的热闹喧哗

图 4-30 同里的温婉儒雅

建筑学家认为，城镇与建筑的记忆可以分为两个层次：第一，记忆来源于物质层次。将城镇当作是一个物体来看。第二，是事件层次的记忆。在中国古典文化中，王国维所强调的"意境"作为古典审美的基本范畴，内涵在于情景交融，而承载了"意境"的城镇历史遗迹，则是第二层次的记忆来源。这些事件、场景与人们的生活经历、情感遭遇相关，从而产生了特定的意境和所谓的场所精神，并成为记忆的象征。在这些基于"意境"之上的城镇记忆中，人们会得到情感上的认同和亲近的感觉，而加诸于城镇之上的一些传说、诗句等，则能激发观看者的联想。这样能赋予建筑、场所、空间以情感和意境的，便是塑造城镇特色和风貌的重要来源。

3. 地域风俗

将一个城镇对于某种事物、人物的崇拜，如神话故事这样的特殊文化进行分析提取，对城镇的文化源流进行追溯挖掘，来塑造多方面反映城镇传统文化特色的方式。每个城镇都有自己的神话和传统，其中记录着城镇居住者对一个城镇起源的理解，如云南大理苍山洱海的起源、蝴蝶泉的传说；广州的五羊神话；甘肃河西走廊的酒泉传说等，这些神话和传统赋予了城镇的特殊的历史意义，使得当地的风景充满了诗意的想象和神秘色彩，代代相传的文化业记录了城镇的发展和变迁，延续了来自于历史的城镇生活（见图4-31和图4-32）。使得城镇的特殊风貌和历史景观有了生活的痕迹，被赋予了特殊的意义。

图 4-31　哈尼族的长街宴

图 4-32　枫泾民俗——"吴根越角"水乡婚典

将这些取自于传统地域文化的元素进行提炼，并表现在建筑或者城镇空间中，可以形成特殊的建筑语言，创造特别的城镇特色。如山西古建筑上的石雕、新疆伊斯兰风格的建筑，都是来自于乡土文化的凝练。在欧洲许多城镇中，甚至连墓园也成为一个重要的城镇组成部分，这些纪念性的构筑物或者建筑物，无不是在诉说着一个城镇的历史，标榜着一个城镇的精神，抑或描绘着一个城镇的传说。

历史记忆是通过社会文化成员或文字来记载传承的，那么它必须通过公众活动，如节日庆典、纪念日等得以保持。如节日这种特殊文化，附加节日之上的特殊庆典、仪式，正是当地人与自然、人与人之间的关联体现。节日庆典的内容与城镇形态的内涵和居住者的情感体验、精神追求紧密相关，成为其余文化的象征和符号。比如巴西，桑巴舞大游行是狂欢节中最盛大的场面，成为这个城镇的象征。节日中的活动，通常是象征性的、表演性的，由文化传统所规定的行为方式，表达着人们对文化的理解。如我国的春节、元宵节的灯火、端午节的粽子、中秋节的兔儿爷、泼水节的泼水仪式、东平三月二十白佛山庙会等（见图4-33和图4-34），而在国外如圣诞节、复活节等。可以说，节日的庆祝活动已经成为寄托民族感情的仪式，也成为一个城镇的特色所在。

图4-33　传统的端午节庆典

图 4-34　大理白族传统节日——绕三灵

三、师法自然、传承文明、利在千秋——城镇特色与城镇风貌的转化与利用

城镇景观可以使居住者感受到城镇的特色之处，城镇景观包含自然、人文、社会等要素，是指人们通过视觉所感知的城镇物质形态和文化生活形态。城镇景观分为自然景观、人文景观，能有效地体现城镇的特色及风貌。

（一）自然景观的塑造

城镇所处地区的自然景观、自然资源和农业资源等，都是城镇赖以生存和发展的基础。丰富的自然资源，决定了城镇所具有不同的特性。如希腊的雅典利用当地特有的石材，其天然的色泽构成了独特的白色古城风采，建造卫城神庙的石材也只是希腊所独有的，这也是别的城镇所无法复制的。历史上的城镇，多与山、水相邻，布局形态也深受山形水势的影响，如伦敦与泰晤士河、巴黎与塞纳河、维也纳与多瑙河等。它们是城镇得以发展的重要自然资源，因地制宜地利用这些山水资源，才能更好地塑造城镇的特色和风貌。

1. 滨水景观

对于滨水城镇，应该充分利用水资源，塑造独特的滨水景观，构建现代人工环境与自然景观交融的现代山水环境的城镇空间（见图4-35）。

图4-35 充分利用水资源塑造城镇空间

（1）城镇内部。塑造体现区域特色的功能分布，可以在城镇绿地的组团之间保留的陡坡、冲沟、农田、林地、湿地等绿色自然隔离地带和生态廊道，作为生物流和能量流的重要通道，有利于形成完善的生态绿地系统，发挥绿地系统的通风、降温、降尘、减噪、净化空气、蓄水、减灾防灾、生物繁衍、改善环境质量、增加城镇开敞空间等综合生态服务功能，形成与自然和谐的生态文化城镇，突出表现新城整体形象和独特的山水景观格局。另外，规划建造公园、绿地等城镇开放空间。水系是城镇——生态格局的天然骨架，也是廊道建立的最好的依托。规划依水保留大片的用地作为城镇公共公园，利用水系串联起公共绿地、公共开放空间、重要的历史遗迹，用以整合城镇发展脉络，展现人文风情。其规划重点如下：

1）建立以水为主题的城镇开放空间体系，通过水系的联系，将城镇现有的公园和绿地串联在一起，形成一个以水为主的城镇开放空间系统（见图4-36）。

图 4-36 形成开放的空间系统

2）以水为特点，营造城镇公共大厅，即以水和绿地为纽带，设计一系列的滨水公共空间，连接尺度宜人的居住建筑、活跃的文化建筑、华丽的商业建筑（见图4-37）。

图 4-37 营造城镇的公共大厅

3）以水为背景，促进滨水地区的改造和新区的更新，通过结合滨江空间环境，赋予城镇新的生命，同时加强城镇街区与水的联系，促进滨水新区的建设（见图4-38）。

图4-38　促进滨水新区的建设

在兼顾防洪、生态、居民、休憩等要求下，于河流上游端点处设置防洪蓄水池，承担区域滞洪的任务。平时作为亲水公园使用。有明确强降雨预报，河道涨水明显时，进入预警状态：停运大型游船，必要时暂时关闭园区，然后排水。

设计绿色廊道、河道景观带，以维护和恢复河道自然形态，创造丰富多样的河岸和水际边缘效应。保留恢复而连续的自然水际景观作为各种生物的迁徙廊道，同时作为滨水景观的串联。自然形态的河道有利于减低河水流速，消减洪水的破坏能力。

规划城镇河道两侧的滨水绿带、生态景观带，风景名胜区和公园广场，构建城镇自然绿色廊道体系（见图4-39和图4-40）。河岸生态采取植被体系、生态护岸、景观设施的综合方案，使沿河植被和水中生物得到恢复。同时，可为镇民提供优质亲水空间，近距离体验滨水文化。重点应保留滨水植物进行河堤的防护，在滨水地带形成多样化的环境系统和丰富多样的生物群落。

图 4-39　保留河道的自然形态

图 4-40　规划河道的滨水绿带

（2）城镇分区之间。设立过渡与衔接，使绿地系统串联成为网络，从而互相联通。城镇分区通过河道景观廊道衔接，具有避灾减灾功能；绿色景观廊道起到隔离片区的功能，同时又是联系各个功能区的重要通道。以绿地系统为基础，通过近自然模式的植物群落构建，合理丰富的线路组织，扩散至整个城镇。维护和强化整体山水格局的连续性，水体分别向居住区、商业区、工业区、文化区渗透：各个用地单元，细胞绿化，以简洁、生态化和开放的绿地形态，渗透到居住区、办公园区、产业园区内，并与城郊自然景观基质相融合，以水体为引导，连接形成"湿地—河流—绿地"多层次生态网络格局（见图4-41和图4-42）。

图 4-41　开放的绿地形态

图 4-42　多层次的生态格局

2.山地景观

　　山地城镇的景观系统是复杂、开放的（见图4-43），对于山地城镇特色景观的塑造，应该包括地貌要素、土地利用要素、生态系统要素和山地气候要素四点。地形是山地城镇自然生态系统的基本特征，也是城镇布局特征的基础和根源，与其他三个方面的特征密切相关。山地城镇往往受地形、气候等条件的制约，建设用地十分稀少，导致城镇建筑密集，公共开放空间较少，容易发生自然灾害。

图 4-43　多层次的山地系统

　　（1）规划重点。加强对土地的利用，即对山地城镇的植被、农田和功能区的分布，是山地城镇景观特色的载体。我国很多山地城镇都有着十分悠久的历史，拥有丰富的历史文化遗产和人文环境，如城镇的山水格局、古城墙、街道系统等，都是塑造和延续城镇特色和风貌的基础。例如，在山地城镇中，复杂的地形使得交通道路的走向受到限制和约束，有其与山地地形匹配的特殊形式（见图4-44）。来源于山地特殊地形的山地城镇有其鲜明的特征，可以以其用地的三维特性，结合山体景观，构建构造独特的城镇形态，如延安、兰州、重庆、遵义等。

将城镇的地貌特征与生态系统联系在一起，在城镇生长发展的过程中，将维护生态景观的连续性作为规划的主要内容，着眼于山地景观的连续性和完整性，主要包括斑块、廊道和基质这三个方面，即生态景观的点、线、面。对山地的城镇的景观控制，主要原则是保护和强调城镇的山形，使它不被人工建筑物所破坏。对城镇山体的整体形象应做连续性的分析，通过对恰当的空间视线分析可以确定对其影响范围内的建筑物的控制高度，从而对城镇轮廓线的丰富变化进行控制和引导，形成完善的城镇景观和特色风貌（见图4-45）。

图4-44　历史悠久的山地城镇　　　　　图4-45　塑造完善的山地景观特色

斑块：保存完整的植被，保护生物多样性，建立自然保护区、风景区、公园等。保持边界的复杂性，利于外界生态景观的交融渗透（见图4-46）。

廊道：建立生态廊道，连接不同的斑块，也可作为景观感受的轴线和景观视线通道，并满足动植物迁移的需求。

基质：形成完整的山体生态背景，使斑块和廊道有机融合。

（2）城镇内部。山地地形的复杂性，是城镇珍贵的自然资源，具有不同视觉空间特征的地形对城镇建筑物和外部自然环境产生影响，高低参差的用地能产生丰富的视觉效果，形成广度、深度和多层次的近景、远景、外景。特别的建筑斜坡、悬崖峭壁和错层房屋及错落的道路等，使城镇风貌丰富多彩和具有个性。建筑形体与山体可以形成融合关系，建筑顺应山势做退台叠落处理，如安藤忠雄的六甲集合住宅，建筑山体融为一体（见图4-47和图4-48）。

图 4-46　保存植被的完整性

图 4-47　融于山体中的六甲集合住宅

图 4-48　六甲集合住宅俯瞰图

（3）城镇与山体。在山地城镇中，山脊线是天然的城镇天际轮廓线。然而，高层建筑出现后，建筑的轮廓线破坏了这种天然的天际线。应注意结合建筑的轮廓线与周边的环境，与高低起伏的山体轮廓相结合（见图4-49～图4-52）。我国的传统山地建筑具有"小、散、隐"的布局特点，构成了亲切宜人的尺度。而在现代的城镇建筑建设中，应该保持发扬这样的建筑优势，控制建筑体量、规模、层数。在城镇内部的景观塑造中，以小空间为主，随地形灵活布局，突出宜人的尺度。

图4-49　瑞士小镇英格堡（1）

图4-50　瑞士小镇英格堡（2）

图4-51　意大利小镇马泰拉（1）

图 4-52　意大利小镇马泰拉（2）

（二）人文景观的塑造

在城市保护和发展中，人文景观的关注也越来越迫切。人文景观的塑造既有城镇标示性建筑和纪念性建筑的人文精神的延续，又有城镇广场和城镇街道的人文环境的塑造，进一步优化城镇空间特色，提高城镇精神品质。

1. 城镇建筑

建筑是城镇物质要素中的重要组成部分，它们作为城镇组织的元素，是承载了城镇历史记忆的基因（见图4-53）。城镇风貌的基础是建筑风貌，它们构成了城镇总体印象，影响和决定了城镇特色（见图4-54和图4-55）。在我国，很多城镇都有自己鲜明、独特的建筑风格：如云南西双版纳傣族风格的竹楼；具有俄罗斯建筑风格的哈尔滨；中西建筑风格融合的上海；具有浓郁沧桑古都风貌的南京；具有独特宗教风格的大理；具有热带风情的海南等。在中国的有些城镇中，常常出现建筑风格混乱、拼贴的情况，在这种情况下，应该采取对建筑风貌分区控制的方法，规划各个分区的建筑形态，实现对保护区内的建筑风貌保护、统一，特别需要控制建筑风格、建筑材料、建筑体量、建筑色彩这几个方面。对细节进行把握，同时协调建筑群落与城镇空间的整体风格。

图 4-53　建造在山顶洞穴中的城镇建筑

图 4-54　山西明清古民居

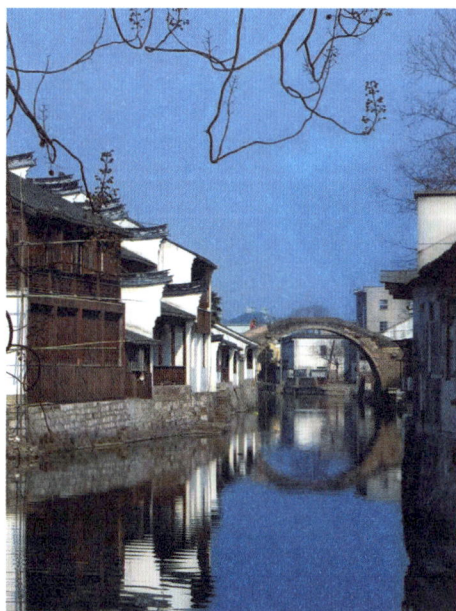

图 4-55　浙江南浔古镇

凯文·林奇（Kevin Lynch）认为，城镇首先是一个宗教圣地。城镇建筑负载着重要的符号意义，表达着城镇的精神意义，随着城镇的不断发展与扩张，其精神功能早就超越了原本的宗教意义，然而作为人类文明象征的意义一直没有改变。

设计师一般通过两种手法来重现传统文化：一是设计具有明显传统外观的建筑，偏重形似；二是对传统古典建筑形式用现代语言进行淡化变形，使之兼备现代形态和传统符号，偏重神似。城镇文化对建筑的影响主要表现以下几个方面：

（1）传统文化、历史习俗对生活、居住方式的影响。例如，四合院就是中国传统家庭结构在建筑布局中的典型表现。居住建筑占了中小城镇中建筑的很大数量，居住建筑组成的建筑群落和区域对中小城镇整体风貌影响巨大。

（2）不同风俗、不同生活习惯对建筑功能、类型的影响。例如，成都的茶楼等。

（3）不同地区自然地理对建筑技术、材料的影响。文化是通过建构技术进入到建筑当中的。

（4）不同文化中的信仰、审美取向对建筑形象、细部的影响。例如，我国山西城镇传统建筑中的砖雕，其花纹样式都有各自独特的代表。

把握以上几点，可以提取历史文化在建筑中的反映，从而塑造具有传统风格的建筑，建筑形式并不一定是对传统建筑的重新塑造，可以是利用全新的材料、技术建造具有传统语汇的现代建筑。对于传统风格的发扬，应该选取优秀的传统进行发展、保护，转化其根本内涵，提取传统元素，可以用新的技术、材料对传统元素进行重构，实现对建筑文化精神、理念的承袭，而不是单纯从形式上进行复制和抄袭，更不要重现历史。可以将一些传统建筑的特征、细部运用在现代建筑之上，也可以提炼出一些代表传统建筑或者文化习俗本质特征的要素进行整合、概括，在新建筑中有所表达。城镇建筑不仅仅单指建筑本身，更是城镇所有要素的综合表现，是城镇艺术的结晶，是历史文化的追溯，是城镇门户的展现，在城镇形象中起主导作用。

对于拼贴城镇现象严重的中国，往往是古典的、现代的、中式的、西式的建筑同时出现在一座不大的城镇中。基于这一现象，对于我国中小城镇整体建筑风格的控制，应该采用在总体上控制引导建筑风格的方法，并划分区域进行建筑风格的控制，如划分保护片区和新建片区，各有侧重地塑造在城镇特色风貌的视觉路线上，如城镇滨水空间的建筑控制、城镇入口空间的建筑界面等，着重控制建筑的风格、色彩及材料等。

2. 城镇街道

城镇街道空间不仅包括道路本身，还应包括街道绿化、设施、景观，等等。街道空间的构成还包括街道两侧的建筑立面，通过其形态、色彩和细部组成了人们可进行直观体验的元素，它们也是城镇生活最直观的表达，是城镇景观中的重要组成部分（见图4-56和图4-57）。城镇街道与城镇的日常生活紧密相连，是人们进行公共活动的重要场所和空间，体现了城镇的面貌，可以看作是城镇精神的概括。

图 4-56　城镇中的街道，意大利小镇马泰拉

图 4-57　城镇中的广场，意大利小镇马泰拉

　　在城镇环境下的历史街道立面起着重要作用，这些立面的形成都是在多年的城镇生活中逐渐完成的，有不同形式或流派的建筑风格，建设于不同历史时期的街道及街道立面从不同方面反映了民族社会生活的各个方面，表达了来自于历史的美感。城镇的街道应该根据实际交通需求规划设计，对于重要历史区域的街道，其两侧建筑界面应延续历史风格，从整体上与城镇景观相协调；随着城镇的不断发展、扩大，城镇交通的增长一直伴随着街道的拓宽进行。然而，在很多时候，不断拓宽的街道并不能解决交通拥堵的问题，反而会吸引更多的交通流量，造成更加严重的交通拥堵。而拓宽街道就必然会摧毁原先的道路界面，许多宝贵的历史建筑也因此被拆除。街道的建筑高度在一定程度上是由街道的宽度所确定的，它们有机地联系于街道空间中，形成合适的比例关系，一味地拓宽街道只会破坏这种比例。因此，对于城镇街道应慎重改造，控制街道两侧的建筑界面，完善街道的基础设施和景观绿化，对沿街广告的色彩、形式进行控制，塑造与城镇整体风格特色匹配的街道空间，给行走在其间的人们以愉悦的感受。

3. 城镇广场

城镇广场是城镇的公共空间，也是开放的空间，是人与人、人与城镇进行交流、体验、信息交换的重要场所，是中小城镇的"公共客厅"。人们要了解城镇，最直观的感受便来源于视觉体验，而街道、广场、建筑、自然景观等都是构成这一体验来源的物质资源。其中，典型的公共场所，如广场，更是最能提供这一体验的来源。

广场作为人工产物，通过建筑布局、交通环境等，发挥着重要作用。它不仅仅是建筑围合的空地，也可以是城镇绿地、公园等。城镇广场是城镇空间的重要构成，它应该向所有城镇的居住者开放，供人们进行休憩、游乐、交谈、集会等活动，具有开放的视觉特征，也是城镇公共生活最集中的地方，可以称为城镇的心脏。可以利用建筑之间的空间塑造，也可以利用绿地、水体、滨水空间塑造。不仅可以展示一座城镇性格，甚至在某种程度上，可以折射出一个时代、一种社会精神的特征。

城镇广场承担了多方面的镇民活动，具有综合性。一方面，其本身开敞的空间形态可以构成城镇特色的一部分，引导人们的视线，延伸城镇景观，凸显重要建筑，甚至可以成为城镇标志的一部分，起到纪念作用，延续城镇历史文化；另一方面，在城镇广场中进行的活动，如休憩、交谈、集会、儿童游玩等都是广场的一部分，这些活动本身也成为城镇的特色，是组成城镇风貌的一部分，城镇广场成为活动的载体，延续了城镇生活。

始于古希腊城邦国家的城镇广场出现最早，如庞贝的城镇广场，围合的广场建筑有柱廊，可以作为店铺，周围还有镇政机构、宗教建筑等。欧洲的城镇广场在经历了衰败到繁荣的过程后，得到了极大的发展，广场形式适应城镇生活的内容，与居住者的联系更加紧密，产生了更多的功能（见图4-58和图4-59）。它们所表现出来的公共性、多元性，都是产生精彩魅力的原因。如威尼斯的圣马可广场，由建筑围合而成，沿海而建，其中的圣马可大教堂和高耸的钟楼组成了城镇的标志，而圣马可广场更是成为威尼斯的城镇标志，在运河涨水时，整个广场被水淹没，人们便在水中的广场上喝咖啡，形成了威尼斯独特的风景，为这个水城添上了有趣的一笔。

而中国城镇的广场则没有像西方国家的广场那样具有鲜明的形制，这与两种不同的思想文化传统有关。在过去几十年的建设中，我国很多城镇的广场都设计成为用于大型集会活动的空间，多在公园或一些政治建筑之前。来源于西方思想的影响，城镇广场的面貌千篇一律，并不能因地制宜地发挥其本身的作用。而不能获得居住者认同感的广场，则只有形式却无精神，对于城镇特色和风貌的塑造只能起反作用。中国传统意义上的广场，来自于寺庙前的空间，往往与集镇贸易等活动相关。

图 4-58　米兰的广场（1）

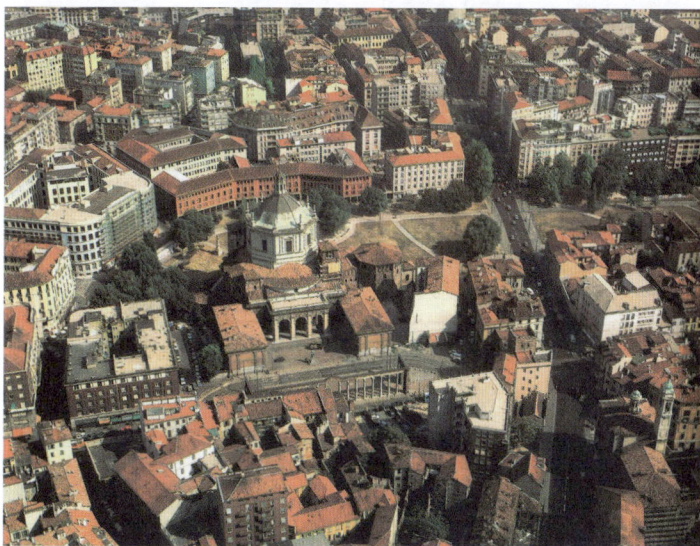

图 4-59　米兰的广场（2）

4. 标志性建筑、纪念性建筑

城镇标志包括城镇或地区的标志性建筑、纪念性建筑、构筑物或空间，对城镇或某一地区来说具有标识作用，能够引起人们的注意，加强城镇的辨识度（见图4-60）。由于它们被赋予的特殊意义，这些建筑往往承载了城镇的记忆，如重大历史事件、重要人物等，它们的设计往往会打破一般性建筑的设计准则，而突出纪念意义等某一主题。例如：为表达政治主题的大尺度广场；为表达纪念性的超出一般高度的纪念碑、纪念塔等。组成城镇标志的建筑、构筑物或空间，应该具有特定的文化内涵和历史文化，它们虽然可以不用遵守一般意义的设计原则，也应与城镇整体空间和整体风貌相协调，并成为城镇特色空间、特色景观的一部分，比一般性建筑更强烈地表达城镇的精神和历史。

图 4-60　城镇中的标志性建筑

城镇标志应该具有强烈的视觉可见性，可以产生强烈的视觉、心理印象和冲击，具有高度的可识别性，并承载特定的历史文化内涵，具有实用性和一定的创造性。城镇的标志并不应该仅仅是特立独行的个体，它在城镇中应该与整体风格和特色相协调，在精神文化的层面上增强城镇的凝聚力。应该在城镇历史、政治背景的前提下，建造与城镇相符的元素，并融入民族的元素。例如，广场、欧洲的教堂、钟楼、塔楼等。

　　在塑造城镇标志时，可以根据城镇不同的地理环境进行创造，如在平原城镇中，多通过建设以高度为标志的建筑物这类的人工地标来表达其标识性；而在山地城镇，则多利用地形的特点进行构建。不管是在什么样的城镇中，标志系统的塑造必须将地域性与标志功能的实用性相结合，以城镇文化、精神背景为基础，根据不同的传统习俗，根据城镇的定位，利用与城镇整体风格相符合的元素进行创造。一般标志性建筑、构筑物包括纪念碑、纪念塔、博物馆、火车站、教堂、钟楼、广场、雕塑等（见图4-61和图4-62）。

图4-61　城镇中的景观广场

图 4-62　意大利小镇维罗纳的纪念性建筑

5. 城镇节点

城镇节点是指一些要点，即人们借此进入城镇的要点，或日常生活的必经点，它可以是城镇广场、公园绿地，也可以是重要的建筑群，甚至是一座雕塑。它们既是城镇道路的间隔、延续和转折，也是城镇空间的结合点和控制点。如一些环境小品、雕塑、座椅、广告牌、照明等，这些微小的要素也是城镇节点的一部分，对中小城镇的特色和风貌有着烘托渲染的作用（见图4-63和图4-64）。

图 4-63　欧洲小镇街边的环境小品

图 4-64　意大利科莫小镇的雕塑

6. 特殊文化塑造的建筑及空间特色

　　城镇化的进程，必然使得原有的乡村式家庭纽带、地方特色以及乡土文化区域消失，包括产生于城镇特殊节点，如某一街道、广场中的基于地域文化的活动也随之改变，如庙会、节日中的传统娱乐活动等。在缺少这些重要城镇节点的城镇中，在失去立足之地的传统文化的同时，也剥离了人文情感和历史文脉。艺术、宗教、文化集会活动已经不再是居住者生活的主体内容了，然而设计者必须意识到，自由、开放的公共文化活动，依然是人们互相交流、进行情感信息交换的最好方式，而产生这些活动的场所也是城镇中必不可少的一部分。作为城镇整体文明的一部分，人也不是作为个体而存在，也正是这种共享性的生存体验的互相交流，居住者可以将自我与城镇的精神相连，从而制造城镇丰富的人文特色，并进一步传达给观看者。城镇的特色与风貌得以自然印记在每一个参与这些活动的人的意识中，并产生强烈的认同感和不同于其他城镇文化的辨识感。

（三）中小城镇特色和城镇风貌的整体与片段

城镇特色之美体现在诸多方面，除了标志性建筑，还应该在于有序的城镇空间环境中、造型优美的城镇轮廓线中，即人所能感知的城镇片段与整体（见图4-65）。埃德蒙·培根（Edmund Bacon）在《城镇设计》一书中提到："城镇设计主要考虑建筑与周围环境或建筑之间，包括相关的要素，如风景或地形所形成的三维空间的规划与布局设计。"

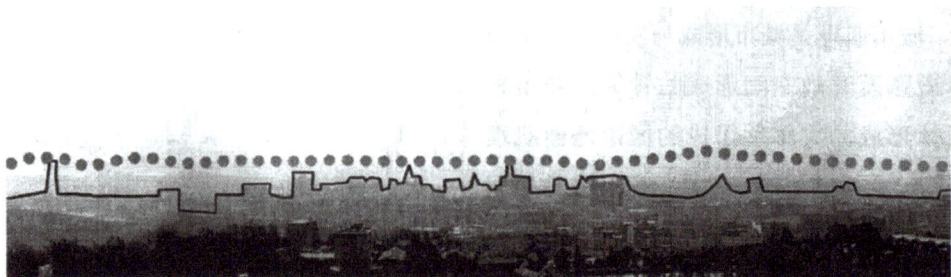

图 4-65　塑造优美的城镇轮廓线

片段即人静止时的感知，如城镇广场、绿地、公园等能给人以直观体验的场所，它们是能给予城镇的居住者私密、集会、庆祝、纪念等功能的场所；而整体即是人在运动中所感知的城镇精神，将城镇片段串联起来就成为整体，它们赋予城镇居住者以动态的城镇印象，片段的集合便形成了整体的观念。例如，城镇的天际线、轮廓、道路组织、道路剖面等，只有城镇的片段与整体经过和谐的组织，产生相互的关联和对应，才能构成城镇特色风貌和产生精神活力。如巴黎东西走向的城镇中轴线，平行于塞纳河，充分利用宽阔的水面和绿地，使城镇空间开朗、明快；沿线建造了众多广场和建筑群，形成了对景和借景，并且轴线上串连着很多名胜古迹、花园、广场、林荫道，它们各具特色，凸显了城镇丰富多彩的景观，形成了城镇鲜明的整体特色。

城镇轮廓控制：城镇轮廓线作为城镇特征的表现起着尤其重要的作用，城镇轮廓控制包括城镇建筑高度的限制、景观视线通道控制和历史风景区域的保护。为了达到使城镇具有合理的结构的目的，优美的城镇天际线是不可或缺的因素，它能为城镇的景观提供最佳的观赏通道，其本身也可以作为景观的一部分成为城镇特色基础的奠定和城镇风貌本身，能在一定程度上更好地反映城镇的空间感和层次感（见图4-66）。建筑物的轮廓线为城镇提供了具有自身特点的城镇风貌，轮廓线创造了建筑的形象特点，融入自然环境的轮廓线表达出与周围环境相统一的地域特点。在一些历史城镇中，对历史建筑的分析 建筑高度之间一定存在着相互关系，其几何构图和比例设计即是创造城镇轮廓的出发点。

图 4-66　凸显城镇特色的轮廓线

城镇特色与风貌的实现，尤其需要在城镇建筑方面实现。一个城镇所在的地理位置决定了建筑的造型，基于气候问题的技术性设计会赋予建筑独特的造型和形式，这也是遵循当地环境而进行的设计。城镇在漫长的发展中逐渐形成的空间结构和对自然环境的巧妙利用，都是历史的记忆。好的城镇特色和风貌应该将人们对城镇历史的记忆与城镇的现状形态融为一体，以城镇风貌和特色的意向将城镇形态的过去、现状与将来进行整合，形成整体框架，并以城镇的片段相连接，为城镇整体形象的塑造提供基础。

四、亮点与重点、主体与陪衬——城镇特色与城镇风貌中重点区域的控制

中小城镇特色与城镇风貌塑造的有效途径是发挥独特的优势，通过亮点与重点的凸显，主体与陪衬的对比，塑造特殊的历史街区、独特的自然景观、唯一的空间形态以及具有地域特色的生活环境，打造独一无二的自然风光、人文景观、民族风情等城镇特色与城镇风貌。

（一）特殊历史区域的保护与改造

城镇的文化层面达到了历史的高度，就需要极其注意自身的建设，随着城镇需求的不断增长，不可避免地要在老区中建设新的建筑单体。城镇就像是一个具有遗传性的有机体，具有特定的遗传信息，而历史建筑、历史区域就是承

担了遗传功能的细胞。传统历史区域保存了生活的整体（见图4-67和图4-68），它所延续与表达的城镇特色是最为生动的，根据热力学第二定律，孤立系统必将走向衰亡。因而这种保护，应该立足于注入活力的方式，将旧的历史区域作为一个整体的有机系统，融入城镇生活中。

图 4-67 陕西延川

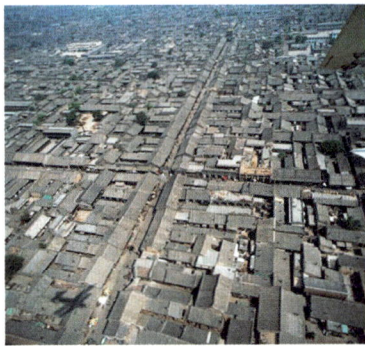

图 4-68 平遥古城

由于城镇所处自然地理环境的差异以及受政治、经济、文化的影响，城镇在总体布局上各有特点。它反映了特定历史时期、特定自然条件、生产活动方式的要求。在塑造城镇特色和风貌中，应尽量保持城镇原有布局特点以适应和延续城镇居住者的生产、生活方式，同时也应适当改造原有区域以适应新的历史条件下城镇的发展需求。对于城镇格局的改造和保护不应是矛盾的，它们并不是对方的前提和条件，而应是所遵循的原则和标准。若单纯地将原有城镇格局原封不动地保存下来是不合理的，因为随着社会经济的发展，城镇的居住者也在不断更新，其生活方式必然受到生产力发展的影响而发生改变，人口也在不断地增长。因此，必须在提炼其主要特点的同时，对城镇居住环境的基础设施、道路系统等进行统一的规划、改造，才能使其适应现代城镇发展的需要（见图4-69）。在对历史及传统区域的特色风貌塑造和控制中，应该遵循以下几个原则：

（1）对传统历史区域的城镇空间形态及建筑风貌进行保护和传承（见图4-70）。

（2）对传统历史区域的空间肌理和历史格局进行保护和完善（见图4-71）。

（3）对传统历史区域的文化遗产进行保护和延续（见图4-72）。

（4）对传统历史区域的基础设施进行完善和改进。

图 4-69　对城镇的整体进行统一的规划改造

图 4-70　对传统的空间形态进行保护和传承

图 4-71　对传统的空间肌理进行保护和完善

图 4-72　对文化遗产进行保护和延续

　　对于城镇的重要历史遗迹，应规划出重点保护地段，对老城区的环境进行治理和控制，并严格地把握使用者，对城镇道路系统根据交通性质和功能规划出互不干扰的道路系统，在保留原有格局特点的基础上，寻求合理发展，使老城区成为城镇的有机组成部分，而不是独立于新城区的落后区域。注重保护好旧城的肌理特征、古典色彩浓郁的街道景观和民居，应协调新、旧区域之间保护与开发、继承与发展的问题，从城镇形态、园林绿化、景观风貌等进行总体把握，在建筑造型、层数、色彩等方面，保护原有特点和风貌。如罗马城之所以充满魅力，正是因其遍布的古迹，让参观者感受到历史的气息。为保护这座古城，罗马按总体规划对城镇进行了严格的保护，包括城镇布局、建筑形式、道路尺度及景观绿化等。而新区的发展则避开旧城而设置在郊区，使罗马古城的风貌得以完整呈现。

　　城镇特殊历史区域作为城镇特色的重要要素，是城镇特色及风貌的承载主体。应该对城镇传统历史区域的肌理和格局进行控制和保护，在修复和改造中也应遵循传统风格。针对城镇的性质和定位，也可以从特殊区域中提取相应的元素进行城镇特色的塑造。如工业城镇，工业承载者城镇的工业生产，为城镇发展提供了强大的动力和坚实的基础，是居住者赖以生存的根本，可能居住者的生产生活方式都是与城镇工业紧密相连的。在工业城镇的特色和风貌塑造中，应该结合城镇总体规划布局，划分城镇产业区域，通过协调工业建筑形式和色彩等，指定控制原则。

如何使传统的历史区域充满活力，融入现代化的生活而又与新的区域有所区别，也是设计者要重点考虑的问题。在对传统历史区域的保护和延续中，有以下几种方法能实现其特色的延续和塑造：

（1）在对传统历史区域的保护和修复中，运用直观的历史建筑或城镇形态，进行修复或重建，或局部借鉴历史文化元素，运用到新的建筑中（见图4-73）。这样可以保持最纯粹的源于历史的风貌，如西安的大雁塔周边的唐代风格的建筑，最直观地表现了历史，体现出了古都的特色。例如，龚滩镇节点空间的更新设计以继承传统为主，延续了古镇特色。

图4-73　局部借鉴历史元素

（2）新建筑与旧建筑同时出现，在传统历史区域中和谐共存。新的建筑不再完全照搬古典建筑的形式，而是摒弃旧建筑不利于保存发展的部分，运用隐喻、转译等方式，在新的建筑中融入古典元素的建筑语汇（见图4-74和图4-75），将现代化的生活引入旧的区域中，从而为其注入活力和生命力，而不是墨守成规，拒绝开放。例如，山东平阴镇尖山教堂，哥特式建筑，与北方民居共存成为本镇的特色。

图 4-74　在新建筑中融入古典的建筑语汇（1）

图 4-75　在新建筑中融入古典的建筑语汇（2）

（3）传统历史街区作为一个完整的有机体，并不应该是冷冰冰的"遗迹"，而应该是生活的、运动的空间。而一个新生命的融入，并不是对街区的破坏和毁灭，反而是衬托、延续其历史文脉的存在。这些异质体的进入，是对具有厚重历史的传统区域的启发和延续。传统历史区域与异质体在抗争的同时，也在互相促进。用先进的现代技术，融合传统的文化元素，从而对地域文化做出新时代的诠释，于内涵中反映城镇文化特色，是传统历史区域得以蓬勃发展的因素。

（二）自然特色景观的保护与利用

中国古代素有"天人合一"的哲学思想，人是顺应自然的，而不是以破坏自然、征服自然为代价进行建设，相对于西方国家对自然侵略性的态度，中国把最美丽的景色留给了天空和大地，留给了自然。这也造成了中国"山水文化"这一理论的形成和发展，理论强调了山水等自然景观作为城镇布局的重要因素，讲究山水与城镇浑然一体（见图4-76和图4-77）。因此，对于一个城镇特色与风貌的塑造，特色自然景观是一个重要的因素。

图 4-76　婺源独特的自然景观

图 4-77　城镇与山水浑然一体

　　在一定地域内，对城镇的人文景观和自然景观资源进行统一的规划，借助城镇周围地区的自然山水等景观要素，将城镇与景观资源之间连成一体，通过景观带或景观廊道进行联系。如广西南宁的凤凰山、黄山镇的黄山、宁波的普陀山等，都可以充分发挥自然景观资源的效益。

　　一些得天独厚的地貌特征，如名山、海湾、沙漠等是形成城镇特色的先天条件。人们对城镇特色和风貌的感知往往离不开对地理、环境、气候的感受，而这些印象的形成与源于这些自然地理特色而成的城镇形态紧密相关，不可分割。比如湿热地区的竹楼、水边的吊脚楼、寒冷地区的窑洞等。使城镇道路系统充分结合地形、地貌的要求，在保持功能的前提下，迎合自然景观的走向，借用自然山水景观中的元素，使用借景、对景的手法，使城镇与山体、水体建立对应关系，建筑布局留出景观视觉通道，强化山水形态的特征。

在中国的"水乡"如一些江南小镇中，传统文化赋予水乡街道的尺度和建筑立面，造就了优雅绵长的清秀韵味，适宜的街道比例关系给人以亲切感，随处可见的石桥丰富了街道的景观，良好的山脉景观与交错的河道自然形成了独特的南方城镇风貌，"粉墙黛瓦，小桥、流水、人家"是江南水乡典型特色（见图4-78）；而街边洗衣的妇女、特色的店铺也延续了传统文化的魅力。

图4-78　城镇与景观相互交融

（三）城镇整体特色的塑造与形成

城镇的建筑应该是多样化的，然而同时又要维护城镇的统一性、整体性。城镇的建筑在设计建造过程中，往往着力突出个性，而忽略了对整体环境的协调。因此，在有些新城中，建筑群体往往特立独行，个性突出，而显得与旧的区域隔绝、断裂。城镇是一个有机整体，在一定的空间区域中，需要统一的形象特征（见图4-79和图4-80）。如果建筑全部是雷同的，必然会引发单调的问题，然而一味追求变异，没有一个整体性的原则，也会使城镇变得支离破碎，缺乏整体的特色与美感。

图 4-79　塑造城镇的整体形象

图 4-80　塑造一定区域中的特定形象

　　城镇布局：对于中小城镇的重要功能中心、景观中心、景观轴线、景观廊道等要素，是影响中小城镇空间布局的重要因素，包括标志性空间、城镇出入口等，进行重点规划，整合处理。它们往往是中小城镇特色的中心，设计应体现中小城镇特色的基本内容。在规划中应该注重合理安排沿线景观的特色控制、中心的标志性景观设计等。

城镇色彩：色彩是塑造城镇特色的重要元素，因为统一的城镇色彩可以给人以最直接的感受和冲击。对城镇色彩的控制，要在研究城镇地域文化和自然景观特色的基础之上，结合城镇性质和发展需求，确定整体基调，并对不同功能区域的色彩进行规划，使之与城镇整体色调统一并具有浓郁的地方特色。对于建筑而言，建筑材料能很好地反映色彩，因此可以从城镇所处地就地取材，并从中提取色彩主题反映在城镇之中（见图4-81）。色彩控制应该充分考虑城镇自然地理地貌对建筑的影响和要求，如在山区城镇，建筑参差错落，可营造出色彩感丰富的效果；在滨水地区，以山水主题为特色的城镇，城镇建筑色彩应该充分配合自然景观。最典型的例子是位于岛屿上的希腊城镇圣托里尼，白色的建筑是为了反射地中海强烈的阳光，从而造就了这座城镇独特的白色建筑群（见图4-82）。在总体城镇设计中，城镇色彩的控制一般要求色调统一、场地色彩统一的方法。城镇整体色彩应是和谐统一的，并在局部地区有色彩的对比和变化，街道设施色彩，如广告等，开放空间的铺地和绿化色彩都应该采用相同或相近的色调。在荷兰的许多城镇中，如恩斯赫德这样的新城，建筑色彩多采用砖红色，整个城镇色调统一，在整体的基础上产生变动，使城镇获得了统一的整体感。

图 4-81　用色彩塑造城镇特色

图4-82 希腊小镇圣托里尼

（四）城镇地域特色的凸显与提炼

城镇早期的历史环境是文化差异较大时期的产物，因此城镇风貌得以千姿百态，各不相同。一座城镇的历史越悠久，早期的历史建筑遗迹就越多，就更容易形成独特的城镇特色。传统的城镇风貌除了具有美学意义，还能反映社会生活和文化的多样性（见图4-83）。在自然地理环境和人文环境方面，继承了城镇历史特点和景观的特殊历史区域，可以是一个地区、一条街道甚至是一面古城墙。而城镇中如此的历史性区域常常由于城镇功能的变化等原因，由原来的繁荣衰败，变得与城镇生活格格不入。对于这样的历史区域，应对其进行有机的更新，使它能在保留原有功能的基础上，进一步凸显城镇的地域特色。更新应包括保护、改建、新建以及环境的更新规划等。对于历史区域的保护，目的是使它们重新恢复活力，重现传统生活，保留历史记忆，进一步激发其城镇精神，从而回归归属感，也可为城镇带来新的经济效益（见图4-84和图4-85）。

图 4-83　夕阳中的老者，在意大利小镇拉维罗安逸、闲适的生活

图 4-84　凸显城镇的活力，意大利小镇拉维罗

图 4-85　夜景灯光与古老的地砖材质激发城镇的精神

　　繁荣与衰败的过程是世间存在的客观规律，城镇也必须遵守这一规律，处于新陈代谢的更新过程中。对历史区域的保护不应仅仅停留在静态的保留中，不应只是刻板地呈现历史文化特征，更重要的是延续这一地区的地域特征，在新建筑中进行叠加，使其独特的文化特征得到利用（见图4-86）。这样，拥有地域文化的特殊历史区域就不仅仅是一个死气沉沉的纪念碑，而应成为活的遗产，只有这样，才能使城镇的历史适应现代化的城镇生活，从而延续和发展地域文化，创造新的城镇特色和塑造更适合的城镇风貌。对于那些已经形成的具有乡土地域特征的城镇传统空间，最重要的问题是使它们更好地融入现代城镇空间，适应现代化的城镇生活，重新注入活力，对其特色和风貌的塑造应注意以下几点：

　　（1）完善和保护城镇传统空间的城镇肌理。

　　（2）传承和延续城镇传统空间的建筑风貌。

　　（3）延续和发展城镇传统空间的文脉。

　　（4）修复城镇特色环境设施。

图 4-86 历史保护区的城镇空间

（五）人类生活与城镇

　　城镇生活是城镇重要的组成部分，更是城镇特色和城镇风貌的构成要素。一般来说，具有良好的参与性与互动性是城镇特色产生作用的重要依据，只有人们能够亲身参与到城镇生活中，才能对一座城镇产生认同感，具有深刻的印象（见图4-87）。城镇的环境主题是人。通过物质空间的人性化设计为城镇的居住者和使用者提供丰富的活动场所和景观，满足使用方便、心理平衡、社会交往和视觉美观等方面的需求，这样的城镇才是有活力的城镇，才能够形成文化意义与空间秩序。

图 4-87　人类生活与城镇密不可分

　　对于中小城镇历史文化的表达，应该有越来越广泛的对象，从单一的文物保护到历史地段、历史街区的保护，从实质的物体范围到社会文化范畴。应该根据地域文化的内涵和现实的意义，而不只是"历史、科学、艺术、价值"。也就是说，一切能够形成城镇特色的地域文化表现要素都属于城镇特色风貌，其中最直观的就是城镇生活。我国中小城镇数目众多，对于我国大多数中小城镇而言，具有悠久历史文化价值的还在少数，而更多的中小城镇可能没有鲜明的历史文化意义，但是它们的形成、发展都有属于自己的地域文化背景。很多时候，并不是只有丰富的历史建筑遗迹才能表达城镇的性格，反而是源于传统风俗的生活本身，就是城镇特色与风貌的构成部分（见图4-88和图4-89）。

图 4-88　城镇的可参与性

图 4-89　生活本身构成的城镇特色

刘易斯·芒福德（Lewis Mumford）说过，城镇是"一个社会行为的剧场"，一个城镇的城镇文化作为一个地区地域文化的集中体现，是城镇中最吸引人的"活"的部分。它是历史、自然条件、经济、民族性等多方面因素的结果，而其外在表现，则是丰富多彩的城镇生活。中小城镇特色保护的本质是地域传统文化的保护。而地域传统文化来源于地域生活，又反映生活，因此，从某种意义上说，城镇特色的保护就是城镇的传统生产活动和生活方式的保护。

在城镇中，一条街巷、一个店铺、一张座椅，或者一个悠闲地喝着茶的老者，构成了一幅静止的画面（见图4-90和图4-91）；而这画面本身，就是城镇生活的内涵。城镇是文化的景观，由不同生活方式组成了可以感受的文化源泉，这种蕴含在长久历史沉淀中的"文化情境"正是城镇历史的容器。任何城镇都是经济、社会、文化意义上的聚合体，表现为文化意义和功能，是人类社会最大的艺术品，更是社会生活的舞台和缩影。在城镇的地理意义上，城镇是自然的客体，而在人文精神上，城镇更是文化的主题。自然与文化共同构成了城镇结构的基本属性。自然的约束是城镇整体形态构成的基础和前提，而地域精神文化、传统习俗是城镇形态的根本，文化产生于城镇生长的过程，并支配着城镇结构的塑造（见图4-92和图4-93）。

图 4-90　一条河道

图 4-91　一条街巷

图 4-92　意大利小镇阿尔贝罗贝洛的传统形态

图 4-93　阿尔贝罗贝洛的传统建筑屋顶——特鲁里

人类长久以来的精神文化都保留于城镇和建筑中，融合在人们的生活中，对居住者的行为起着潜移默化的影响。城镇特色是城镇文化的标志和表现，城镇的生长需要依托于城镇特色之上，发展和塑造城镇特色文化，正是有效解决城镇特色危机的重要部分。

五、经验与教训——国外案例分析

西方中世纪的城镇被称作"为人设计的城镇"，这些城镇的规模、尺度及城镇布局以及街道、广场等，无不是以居住者的使用为前提进行设计建造的（见图4-94和图4-95）。街道、广场以及建筑物的尺度和细部都与人的感知紧密相连，运作机制与人的行为习惯相协调。今天，在威尼斯这样的中世纪城镇中，都保存了这样独具特色的城镇空间，其曲折、宜人的街道带给人以强烈的归属感和认同感，使这些中世纪的城镇充满了迷人的魅力（见图4-96）。

图4-94　意大利中世纪城镇贝加莫

图 4-95　欧洲中世纪城镇中心

图 4-96　充满迷人魅力的中心轴线和小镇肌理，意大利小镇帕维亚

（一）德国海德堡

海德堡位于斯图加特和法兰克福之间，城镇面积109km²，居民15万人左右。坐落于内卡河畔，位于奥登山谷之间。是一个充满活力的传统和现代混合体。石桥、古堡、白墙红瓦的老城建筑，色彩统一，高度适宜，充满浪漫和迷人的色彩。自然景观与人文景观结合得恰到好处，山上建筑与城镇街道使城镇肌理得到升华（见图4-97和图4-98）。

图 4-97　海德堡鸟瞰图

图 4-98　坐落于山体之间的小镇

（二）奥地利茵斯布鲁克

茵斯布鲁克是一个由阿尔卑斯山环抱的小镇（见图4-99），意思是茵河上的桥，面积1990.1km²，人口达18.4万人。岸线处理采用人工岸线和天然岸线，设计构筑物、绿地等元素对河岸进行点缀。岸边建筑物立面都为白色，屋顶为棕色，色彩协调（见图4-100和图4-101）。该地区产业综合性强，包括高新产业：

电力工程，钢铁、铝等其他金属冶炼，汽车机械，石油化工；传统产业：制造业，食品加工业。城镇标志物选择较高的有特色的构筑物。

图 4-99　欧洲小镇——茵斯布鲁克

图 4-100　小镇协调的色彩

图 4-101　小镇棕色的屋顶

（三）瑞士卢塞恩

位于瑞士中部高原的卢塞恩，面积24.15km²，人口约为7.7万人。湖光山色及高度错落的、色彩统一的建筑，使得整个城镇充满活力。山丘上双尖顶霍夫教堂成为该城镇地标性建筑，显得庄严与美观。远处山腰上建有各式各样的高山旅馆，自然与人工相谐调的城镇建筑美妙绝伦（见图4-102~图4-104）。沿河随处可见各具特色的酒吧，再加上夜晚湖面上的浪漫烟火，湖畔小城情意浓时醉意更浓。桥的处理形成城镇空间的节点。

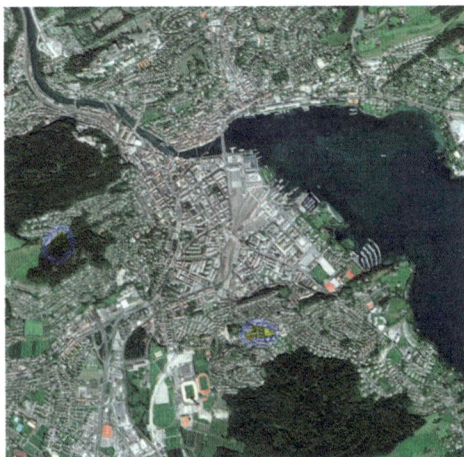

图 4-102　卢塞恩鸟瞰图

图 4-103　瑞士小镇卢塞恩

图 4-104　卢塞恩美丽的河畔

（四）意大利锡耶纳

锡耶纳位于南托斯卡纳地区，佛罗伦萨南部约50km，建在阿尔西亚和阿尔瑟河河谷之间基安蒂山三座小山的交会处。人口为6万人。建筑物密集并且具有高度的建筑统一性。淡红色调子的砖块与周围暗蓝灰色的丘陵相协调。在城镇空间处理上，采用建筑围合，形成广场开放空间，广场为田园式，广场上布置哥特式喷泉，使整个广场气氛得到提升，城镇标志物具有特色（见图4-105和图4-106）。

图 4-105　意大利小镇锡耶纳的城镇广场

图 4-106　小镇的标志性建筑

（五）意大利巴西利卡塔

巴西利卡塔，是意大利的大区之一，属于意大利南部自治区。整个地区大致可分为西部大片的山区和东部的低矮丘陵及宽阔谷地，首府为波坦察，省会城市是马泰拉。

整个大区的面积为9992km²，包括46.9%的山地，45.1%的丘陵，8%的平原，海岸线长62.2km。

巴西利卡塔地区南边有部分海岸线紧邻第勒尼安海，这片区域包括众多的礁石、小水湾、松林、海滩和岩洞；东南方紧挨着伊奥尼亚海，主要为大片的海滩。巴西利卡塔的地形独特，地区内包含有大面积的山区（见图4-107a～图107c）。因为山地众多，这里也被认为是意大利发展较为迟缓的地区之一。

图4-107a　巴西利卡塔独特的地理环境（1）

图 4-107b　巴西利卡塔独特的地理环境（2）

图 4-107c　巴西利卡塔独特的地理环境（3）

独特的地形地貌与自然环境的紧密联系，造就了巴西利卡塔独一无二的城镇特色。这里的城镇分布大都以组团的形式，依照地形有机地分布。每一个小镇都有其独特的自然面貌和建筑风格。或白墙灰瓦（见图4-108），或石墙红瓦（见图4-109），建筑被环抱于大地完美的自然形态之中（见图4-110）。

图 4-108　白墙灰瓦

图 4-109　石墙红瓦

图 4-110　与自然相融合的城镇形态

　　处于丘陵地带的小镇则沿着地势文脉发展而成，处于山区的小镇则沿着山脉依势而成（见图4-111a和图111b），且由制高点统一城市的风格特征。

图 4-111a　依山势而建 (1)

图 4-111b　依山势而建 (2)

巴西利卡塔地区的建筑主要为低矮的民用住宅，多以教堂或者市镇广场作为城镇的中心，使其统一整个城镇的布局构图。在这里没有城市的繁华和喧闹，有的只是宁静、和谐以及自然（见图4-112和图4-113）。

图 4-112　宁静自然的城镇

图 4-113　和谐的城镇

巴西利卡塔的省会马泰拉是一个古老的城镇，这里的萨西是非常古老的一个岩洞住区，建筑大部分都是由在凝灰岩山中挖掘的岩洞所构成，具有十分鲜明的城镇特色（见图4-114～图4-118）。这一地区包含很多的考古遗迹、众多的岩洞教堂和不同时代的壁画（见图4-119a和图119b）。由于其独特的历史和宗教背景，这里也成为很多宗教社团的圣地。

图 4-114　仰望马泰拉

图 4-115　丰富的城镇轮廓线

图 4-116 错落有致的建筑布局

图 4-117　镇中古朴的建筑（1）

图 4-118　镇中古朴的建筑（2）

图 4-119a　岩洞中的壁画（1）

图 4-119b　岩洞中的壁画（2）

（六）莫斯科金环古镇

莫斯科金环是俄罗斯著名的旅游胜地，由若干个极具俄罗斯历史、文化和民间艺术价值的古镇串联而成。由于空间分布形态颇像一条项链，故而得名金环。金环古镇的数量和组成会根据具体线路的不同而有所改变。谢尔吉耶夫–波萨德古镇、佩列斯拉夫尔–扎列斯基古镇、罗斯托夫古镇、雅罗斯拉夫尔古镇、科斯特罗马古镇、伊万诺沃古镇、弗拉基米尔古镇和苏兹达里古镇是金环最主要的八个古镇，这里很好地保存了俄罗斯中世纪的古镇风貌（见图4-120）。

图 4-120　莫斯科金环古镇

1. 弗拉基米尔古镇

弗拉基米尔坐落于俄罗斯东北部克里雅吉马河北岸，是弗拉基米尔州的行政中心，曾经也是东北罗斯的首都。这里的古建筑庄重宏伟、规整匀称且线条优美，城门分别以"金""银""铜"命名。金门是一座典型的军事建筑，至今保存完好。著名的圣母升天大教堂是俄罗斯现存最古老的教堂。意大利建筑师费奥拉凡蒂根据该教堂设计修建了损毁后的莫斯科圣母升天大教堂。美丽的德米特里大教堂始建于12世纪，严整的构造和比例系统，以及白色石灰石立面上丰富的雕刻装饰使教堂看上去富丽堂皇、熠熠生辉。它是现存此类建筑中唯一外观有雕刻的教堂，也是城镇中独具特色的标志（见图4-121～图4-125）。

图 4-121　弗拉基米尔古镇上的建筑

图 4-122　金门

图 4-123　圣母升天大教堂

图 4-124　德米特里大教堂

图 4-125　德米特里大教堂浮雕

2.苏兹达里古镇

苏兹达里位于莫斯科东北部，整座城镇建在波克隆那亚山丘上。据史料记载，苏兹达里比莫斯科建城还早100年，是俄罗斯最古老的遗迹，更是俄罗斯民族的发源地。16世纪，苏兹达里曾经是俄罗斯东正教的首府。由于其特殊的宗教地位，苏兹达里古镇上教堂林立，宗教寺院比比皆是。勤劳的当地人民以俄罗斯童话为原型，在田野上建造起了风格独具的农舍、寺院等木建筑和白色砖瓦建筑，这些共同造就了今天苏兹达里奇特的建筑风貌，塑造了城镇的整体形象（见图4-126～图4-130）。

图 4-126　克里姆林宫

图 4-127　市场

图 4-128　住宅建筑

图 4-129　基督诞生大教堂

图 4-130　尼古拉大教堂

3. 穆罗姆古镇

穆罗姆是俄罗斯弗拉基米尔州穆罗姆区的行政中心，本州第三大城镇。穆罗姆是一座风光旖旎的金环古镇，有着独特的自然景观、文物建筑、葱郁的森林、奥卡河沙滩，建筑常常处于优美自然环境的怀抱之中，与大自然相融合。在这里，自然景观与人工构筑物巧妙的相结合，不仅使建筑与环境达到了高度的协调统一，也使古建筑得到了天然的庇护屏障，城镇在这里发展并得以延续，景在城中，城融于景（见图4-131和图4-132）。

图 4-131　穆罗姆小镇的文物建筑

图 4-132　穆罗姆小镇的自然景观

第五章　小城镇特色及风貌塑造的实践
——以略阳为例

略阳县城市风貌特色规划是针对县城灾后重建而立的项目，希望通过此研究把略阳县打造成独具风貌特色、生态和谐、充满活力的山水园林城市，提升城市形象与竞争力，促进县域经济又好又快发展。重点规划好、改造好、建设好城市重要门户和节点，安置好受灾群众和消除地震灾害给人们造成的心理阴影，恢复和增强人们对城市的信心和自豪感。

一、略阳小城概况及发展演变

略阳县位于陕西省西南部，嘉陵江上游，秦岭南麓，汉中盆地西缘，地处陕甘川三省交界地带，千百年来一直为兵家必争之地。略阳总面积2831km^2，总人口21万人，县辖11个镇、14个乡。2008年，四川汶川发生特大地震，波及陕西略阳县，被评估为重灾区。略阳县政府结合灾后实际情况拟制定灾后重建项目。略阳县地形条件复杂，属秦岭西段南坡山区，全县地形东北高，西南低。气候四季分明，境内地势落差较大，历年平均日照时数1558.3h，盛行偏东风。矿产资源种类众多，自然资源丰富多彩，生态物种多样化。略阳地处陕甘交界处的区域中心，生态环境良好，山、水景观特色鲜明，是以冶金、建材工业为主的工业城镇。

二、略阳城镇特色与风貌现状分析

略阳城镇特色与城镇风貌研究是从城镇空间形态、山水格局、历史文化、人文景观、产业资源等方面展开现状要素的分析，提炼出略阳独有的一江两河的带状城市形态、五山三水的自然山水格局、西北游牧民族风情以及羌式建筑风格、一区三园多点产业区风貌，为略阳城镇风貌特色塑造奠定基础。

（一）城镇建设现状条件及城镇空间布局分析

略阳县城镇空间布局分析主要从区域建设条件、自然环境以及用地布局等三个方面展开，以自然环境为基底、以交通网络为骨架、以旅游景区为节点、以不同建设用地布局为图案，提炼城镇空间要素特色。

1. 区域环境条件分析

略阳县城坐落于一江两河的交汇处，县城周围群山环抱：北有象山，南有狮子山和凤凰山，东有南山，西有雨嚎山，城镇各项用地（主要沿江、沿河、沿过境公路）呈带状发展。其中，略勉略康（二级）公路通过城镇中心横贯东西，向北有略阳至徽县过境公路（三级）相通，向南有县城至灵岩寺公路相通。目前，城区有常住人口8.12万人，已建成城区面积338.5公顷。

2. 城镇自然地理环境分析

略阳城镇内具有丰富的自然资源，多元化的自然景观、良好的生态环境为其带来了巨大优势。因此，开发重建应以旅游为重点，营造自然景观优美的特色城镇，确定其旅游集散地的中心地位。重点突出自然风光及其中蕴含的人文景观，规划设计嘉陵江旅游带，开发建设森林公园作为精品旅游区，并带动八渡河旅游全面发展，树立绿杨生态旅游的城镇地位。

3. 城镇用地现状及空间布局分析

空间形态：用地构成主要以居住、工业和公共设施为主。其中，工业用地主要分布在城镇的东、西、北部；公共设施主要集中在狮凤路八渡河两岸，由行政办公、商业金融、文教卫生等构成，已构成城镇中心区；居住用地分布于整个建城区。

4. 主要问题

（1）城镇用地紧张，用地功能不清，建筑密集，居住环境较差。

（2）城镇防洪标准较低，安全受到威胁。

（3）公园、绿地、广场等公共活动场所缺乏，城镇景观不佳。

（4）城镇公共基础设施不完善，分布不均。

（二）城镇山水格局及自然资源分析

略阳县城镇自然资源分析主要从山水格局、自然资源要素等两个方面展开，立足自然生态，以山为骨、以水为脉、以绿为基础，提炼城镇自然要素特色。

1. 山水格局

略阳在先天上有着水围山绕的自然环境优势。略阳在地域上属长江水系。玉带河、八渡河、嘉陵江三条河流穿城而过，在城之西南角相交，一直向南，到重庆汇入长江。略阳县境内河流又分属嘉陵江水系和汉江水系，八渡河、玉带河属于汉江水系。其中，八渡河、玉带河生态景观轴：城镇内部的主要生态景观轴，串接老城区、城镇行政中心、主要住区等；嘉陵江自然生态景观轴：略阳城区段嘉陵江较宽，灵岩寺区段为峡谷，水景变化丰富，是略阳旅游发展的一个重点；自然生态景观轴：八渡河、玉带河生态景观轴和嘉陵江自然生态景观轴。总体来说，略阳在整体山水格局中具有五山三水，五山即象山、狮子山、凤凰山、南山、雨嚎山；三水即嘉陵江、八渡河、玉带河。

略阳拥有得天独厚的景观资源；地形复杂、起伏大，建设用地少，带状分布；也存在着开发难度大，建设投资大等安全隐患问题；水系常年水量较少，河床内杂草、杂石较多。河岸分为硬岸和自然护坡两种，部分地段堆积垃圾较多。河道现状景观条件较差，并没有针对所具有的水系景观优势塑造适宜的滨水景观，城镇景观环境并无特色。

2. 自然资源要素

略阳县依山傍水的自然景观，形成了城镇依托山体而生、山水与城镇交融的特色风貌，行政中心是凤凰山麓，也是城镇最主要结构走廊狮凤路与城镇中心的联系点，城镇的建设用地形态自然流畅，如凤羽俯栖于山麓水畔，婉转缱绻又如花蔓舒展，生生不息（见图5-1）。

图 5-1　依山傍水的略阳县

在城镇特色景观的塑造中，应该充分挖掘利用城镇地区的自然山水景观，按照山体走势和沿河带状平地之间的竖向关系，以合理平衡土方量的方式规整出建设用地。并且形成山体和水体的视线对话。

在我国的山城中，许多建筑都建在高差较大的坡地上，一般只是单纯地将建筑处理成级台地，再在台地上进行建设。而这种方法不仅使建筑布局失去了山地地区的独特风格，也会对山地造成严重的破坏，对生态环境产生不利影响。

根据现状，可将略阳县划分为七个景观区。

（1）老城综合景观区：是略阳城区最具活力、最热闹、景观丰富、特色最浓郁的中心地段。随着水灵路广场及东侧八渡河水景休闲带的建设，老城综合景观区进一步提升环境品质，凸显地域特色。

（2）略阳火车站景观区：过境的宝成线是连接秦、陇、蜀的重要铁路线，也略阳对外展示的门户和重要的物品集散地。适当降低建筑密度，增加开敞空间、停车场的设置，加强道路绿化、滨江景观带。

（3）狮凤路生活景观区：位于与八渡河隔水相望的凤凰山下，是城镇最重要的生活片区，城镇行政中心也位于此片区。规划尽量减小建筑密度，增加宅旁绿地，注重狮凤路沿线小开敞空间的规划及绿化景观规划。

（4）头重梁生活景观区：是远期城镇新开辟的居住片区，对于疏解城镇人口，改善居住环境有重要作用。

（5）略钢工业景观区：是略阳经济支柱产业区，加强厂区及周边乡土绿化林带的建设，逐步改善生态环境。

（6）菜籽坝景观区：是城镇恢复重建的重点地段，尽量按照理想的景观进行建设，适当提高容积率，增加滨河绿化及小型开敞空间的建设。

（7）电厂路景观区：加强电厂的污染治理，防止水污染，增加滨河绿化建设及厂区周边绿化建设。

（三）城镇历史文化资源分析

略阳县城镇历史文化资源分析主要从历史文化、经济文化、地域风俗文化等三个方面展开，对历史文化遗存、地域产业面貌、传统生活习俗进行升入挖掘，以例为鉴，以史为魂，提炼城镇历史要素特色。

1. 城镇历史文化

略阳历史悠久，自西汉元鼎年间划定行政区域以来，至今已有2100余年的历史。县境内文物资源丰富，有国家级重点文保单位1处,省级重点文保单位2处。有灵岩寺、紫云宫（见图5-2）、江神庙（见图5-3）等人文历史景观，其中紫云宫、江神庙是省级重点文保单位，古代戏楼建筑群充满羌族和白马氐族的文化特征。在其彩绘、浮雕和土木构建布局的艺术表现手法上，突出了大西北游牧民族奔放雄健的独特风格，具有浓郁的民族风情和特色。略阳县历史文化遗存丰富，风景秀美，气候宜人，要想促进旅游事业的发展，应重点打造灵岩寺、江神庙和紫云宫等人文历史景观，突出历史遗产文化保护的绿化节点。

图 5-2　略阳紫云宫

图 5-3　略阳江神庙

从有关史料中可以得知，在先秦之前，这里是氐、羌两个北方游牧民族的聚居地。至元初，并入略阳，为"兴元路"（今汉中）所辖。

2. 城镇经济文化

略阳位于陕甘川三省结合处，宝成铁路纵贯南北。电力、通信等事业飞速发展，城区面积由不足1平方千米扩大到22km²（见图5-4）。略阳面向镇场，依托丰富的矿产资源，已建成黄金、冶金、化工、建材四大工业支柱。境内有略阳钢铁厂等8家省镇厂矿。

图 5-4　略阳的飞速发展

略阳农村植桑养蚕，发展食用菌历史悠久。在促进蚕桑、食用菌两大产业的发展中，已大有成效。近年来，略阳县的经济结构状况发生了质的变化，产业结构伴随着经济总量的扩张逐渐向高层次递进。

3. 城镇地域风俗文化

略阳县由于历史悠久，以它特殊的地理位置，经历了2100余年的历史积淀，形成了自己独特的地域文化特色（见图5-5）。略阳在先秦两汉时期，是羌氐族人的生活地，其风俗现在还留有许多古老游牧民族的痕迹。比如狩猎活动，在当地称为"撵坡"，承袭了原始社会遗留下的平均分配原则。后期虽有汉民族大量迁入，但因仍受羌族习俗影响，保留了部分来自于羌族的风俗特色，沉淀成兼有陕、甘、川地方特色的风俗民情，如节庆活动。比如与生产活动紧密相关的民居，羌碉，民间艺术如羊皮鼓舞、社火、刺绣、二月二烧茅坡等。

图 5-5　历史悠久的略阳文化

（四）城镇人文景观分析

略阳县城镇人文景观资源分析主要从城镇色彩、景观标志两个方面展开，对城市整体色彩、建筑色彩、建筑式样、建筑肌理进行深入挖掘，以人为本，以文为蕴，提炼城镇人文的特色。

1. 城镇建筑特色及城镇色彩

略阳建筑羌族特色明显，明清以前，略阳居住者的思想还停留在以农耕卫华为主导的方面上，所以城镇选址体现了既有利于生产活动，又利于防守的布局，背山而建，顺应地势。自改革开放以来，受西方先进思想的冲击，建筑在风格和体量上都发生了改变，但是传统文化仍占据了主导地位，一些具有西方风格的建筑融合到本土建筑中。

略阳建筑依山地条件而建，建筑建造于高台之上。羌族传统建筑，以木材、石材为主要材料，尺度小巧，结构轻巧；而现在的建筑则多以钢筋混凝土建造，满足现代生活的需求，却在外观上削弱了传统特色，显得粗笨。略阳的羌族建筑有以下几点优势：契合山地地形；使用当地有机建筑材料；抗震性能好。尤其是以羌碉为代表的建筑形式，在古时是作为战略防御的建筑，起到保护城镇的作用。而现在则成为城镇建筑的代表和标志。其建筑材料是当地特有的青片石，进行处理后用黄泥黏结。羌碉底宽而顶窄，墙面自下而上逐渐向内倾斜，非常坚固。

2. 城镇建筑特色及景观标志

在略阳尤其是西部地区城镇的生活习俗中依旧保留着较为浓厚的羌族文化特色景观，具有羌族建筑风格的居民群落，如白水江镇青泥河铁佛寺村还保存着最为典型的羌式建筑风格的村落。此外，略阳城区的路网基本属于自由式结构，因山就势，曲折蜿蜒，道路普遍较窄，坡度较大。

（五）产业资源要素分析

略阳县国民经济和社会发展第十一个五年计划对产业发展提出了坚持实施"工业强县"战略，以扩大产业规模、优化产业结构、增强自主创新能力为重点，以培育支柱产业和名牌产品为切入点，加快结构调整，加强技术创新，大力构建冶金矿产、电力能源、建材化工、食品医药四大工业体系。

略阳工业集中发展区布局采用"以资源定规模、以镇场定发展、以用地定布局、以设施促联系"的模式，对资源本底、镇场需求、用地条件和设施服务四个方面的因素进行综合考虑，按照"一区三园多点"的总体框架，进行产业布局。

建立"一区"——1个工业集中发展区；"三园"——3个不同产业园区，即钢铁工业园区、化工建材工业园区和食品医药工业园区；"多点"——整合县域内多家采选矿企业，培育5个中药材种植基地；整个工业集中发展区主要沿309省道展开，空间结构可概括为"园区带动、一心两翼、轴状发展、多点辐射"。

工业集中发展区由三大园区联动构成，中心为以现有略阳钢铁厂和县城为依托的钢铁工业园区，西接横现河工业园区，东连接官亭镇，整个集中发展区以309省道为轴线轴向发展，并开通县城—接官亭—何家岩—鱼洞子环状线路，使钢铁工业园区的建设与接官亭镇城镇建设结合起来。以钢铁工业园区为集中发展区的核心，向周围形成辐射状网络格局。

中心城区的用地布局、交通体系和功能结构必须与工业集中发展区一区三园多点的构架相协调。

三、略阳城镇特色与风貌塑造总体策略

通过略阳县整体特色风貌要素的分析和提炼，以可持续发展和因地制宜为指导思想，以整体性、独特性和实用性为规划原则，以凸显特色、安居乐土为发展目标，确定略阳县整体特色风貌塑造的策略，对略阳县特色风貌进行保护、发展和传承，构建略阳县整体城市特色风貌区、特色风貌带、特色风貌核，从"点、线、面"三个层次全方位、多角度进行特色塑造，同时重点加强对自然景观和人文景观的节点建设和分区控制。

（一）城镇特色及城镇风貌的定位

（1）城镇的特色，特别需要突出水系的特色，建立防洪安全格局，使城镇回归生态自然形态。

（2）明确山体、水体等生态景观带的边界，并进行保护，防止城镇扩张。

（3）将穿越不同片区的城镇主要道路作为连接各个自然景观节点的绿化通廊，并与垂直绿化体系及城镇开放空间一起构成连续的山水景观格局。

（二）城镇特色空间形态发展

城镇自然景观体现嘉陵文化，古道文化以及羌文化，景观的塑造融入人文历史的元素。塑造以五山三水为背景的新、老两个城区，老城区以传统特色建筑为主，打造步行商业街；新城区以现代建筑为主，注意色彩的协调，使整个城镇的建筑达到高度的统一。城镇设计门户区、中心节点区、沿河景观区；塑造开敞空间，通过道路、景观轴线等元素串联，赋予整个城镇新的活力。

（三）城镇地域性景观塑造

城镇地域性自然景观塑造主要是对略阳县的乡土自然景观和地域人文景观元素的把握。具体而言，是对自然山水景观、居住景观、街道景观、文化活动空间等要素的控制，体现本地文化和地域特色。

1. 自然景观

自然景观以得天独厚的山水自然景观为资源结合人工景观进行细部处理。山体上设计小路与歇脚凉亭，城镇地标性构筑物；水体与岸线既是城镇开敞空间，又是休闲娱乐空间，湖面以船舶、桥等元素进行处理。道路与中心节点和城镇门户空间引入自然元素进行处理，将山、水等自然资源引入城镇（见图5-6）。

图 5-6 略阳得天独厚的自然景观

2. 人文景观

略阳自西汉元鼎年划定行政区域以来，至今已有2000余年。略阳的历史悠久，甚至可追溯到新石器时代。在规划设计中，可以发掘继承现有非物质文化遗产，开辟公共活动空间。举办略阳民间艺术节、开展略阳艺术展、举办略阳民间艺术为主题的书画大赛等一系列活动。大幅提高略阳知名度，带动略阳旅游产业发展，增强城镇经济效益；充分利用略阳民间艺术元素，打造特有的城镇风貌特色。

节庆活动不仅仅是一个即时效应，还会带来经济效益。应该以基于历史沿革的节庆活动特色为前提，规划节庆活动路线，合理布置节庆活动重点区域。将江神庙、紫云宫、灵岩寺等历史建筑，与景区结合，并延续历史建筑的风格，将之体现在历史文化街道中。

四、略阳城镇特色与风貌的塑造及形成

略阳小城镇的居民热情淳朴，略阳的山灵秀隽幽，略阳的水蜿蜒曲折，略阳的空气纤尘不染，通过对城市整体空间的风格控制、自然景观系统的打造、空间的联系以及历史文化的延续，塑造灵、秀、奇、妙的山水小城镇形象。

（一）城镇整体空间格局特色及总体风格控制

通过尊重自然地理环境，延续历史的空间脉络，缝补城镇形态的肌理，丰富建筑形态，回归传统建筑造型，建立城镇与自然协调统一的空间格局。

1. 延续历史的空间脉络及城镇形态

充分利用地形地貌进行建设，保持略阳原生的空间脉络，并以此脉络承载历史记忆。在古代，略阳居民以羌碉作为防御工事，并在山间河谷建设城镇，起到镇守一方、保护门户的作用。此后千余年，历代的州、郡、县均设在此地，并形成山环水绕的城镇格局。其城镇脉络也与其他一般的中小城镇有所差别，既有山城错综的地形，又有水城的滨水景观。略阳县城包括新、老两个部分，新城建设用地较少，而老城顺应河流山脉，城镇空间脉络灵活多变，城镇空间丰富多彩（见图5-7～图5-9）。

图 5-7　塑造城镇的灵秀

图 5-8　塑造城镇的古朴

图 5-9　塑造城镇的淳厚

2. 尊重自然地理条件的空间延续

按照土地自然属性及城镇建设适宜性和景观视觉要求，划分为六个不同形象风貌区。赋予每个分区不同的肌理类型和性格特征。在设计中，强调山体走势和沿河带状平地之间的竖向关系，以合理平衡土方量的方式规整出建设用地。并且形成山体和水体的视线对话。延续和发扬"山水交融"的建城理念。塑造两个景观轴线：嘉陵江自然景观轴作为人文景观轴、八渡河玉带河景观轴作为生态景观轴（见图5-10）。

图 5-10　尊重自然空间的延续

3. 划分不同功能区域

老城共划分15个风貌斑块：略阳城雕、景观美化区、过度门户区、城墙遗迹区、滨河景观带、行政中心区、新风貌商住区、商住及公务员小区、体育文化区、滨河特色风光带、现代商业服务区、民俗特色商业带、民俗风情居住区、历史文化名胜区、菜籽坝片区和小学校。

4. 建筑单体特色及风貌

由于城镇地形复杂、地势起伏不定，坡度变化对建筑布局影响较大。大部分建筑依水而建。人工环境应有机地附着于自然环境中，使自然山水与城镇建筑浑然一体。由于受到地形限制，建筑单体需要采用自由布置的形式，城镇轴线并不明显，城镇建筑空间形态多变。另外，建筑层数以多层为主，兼有少量底层高层，建筑装饰上偏向简洁、朴实，注重实用性和整体协调性（见图5-11）。

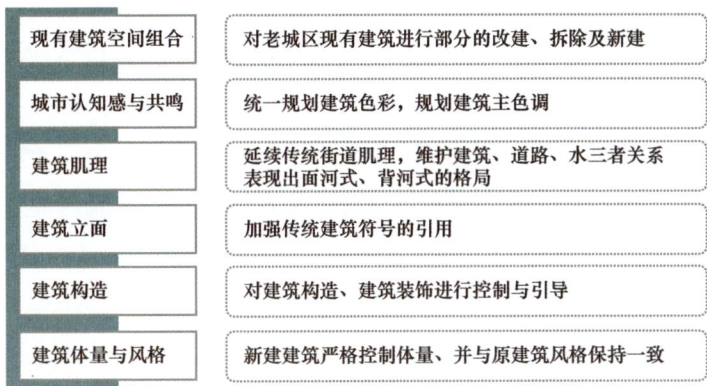

现有建筑空间组合	对老城区现有建筑进行部分的改建、拆除及新建
城市认知感与共鸣	统一规划建筑色彩，规划建筑主色调
建筑肌理	延续传统街道肌理，维护建筑、道路、水三者关系 表现出面河式、背河式的格局
建筑立面	加强传统建筑符号的引用
建筑构造	对建筑构造、建筑装饰进行控制与引导
建筑体量与风格	新建建筑严格控制体量、并与原建筑风格保持一致

图 5-11　单体特色及风貌的塑造

　　受民族风俗影响，略阳建筑单体在设计中应采用尊重自然的态度，隐蔽于环境中，依山势而建，高低错落、层次分明、空间丰富、体型多变。注重与山地的结合，利用"台、挑、吊、错、架、拖、坡、跨、靠"等手法，使建筑与地形紧密结合，构造独特的建筑形态（见图5-12和图5-13）。在设计中，可重点设计几种与山体结合的建筑形式。

图 5-12　应尊重自然，充分与山地结合

图 5-13　运用多样的手法来进行构造

　　吊脚，支架式形式，建筑一端与山体相接，另一端以柱子落地，以点的形式与山体接触，对地形、环境的影响最小，可在任何地方建造，建筑沿街部分采用出挑与吊脚的形式，形成下层商业入口空间。可呈现出典型的山地建筑的形象，并有效利用空间，丰富建筑形态，并回归传统建筑造型特征。

　　错层，是一种利用内部空间消化高差的处理方式，在地形较陡峭的地形环境中，为了避免较多的土方量，人们会在同一建筑的内部设置不同标高的底面，同一建筑内部不用的地面标高差通常在一层之内，这就形成了错层。错层适应了山地的倾斜，使建筑与山地地形的关系更加密切。错层手法的运用，既满足了地形的需要，又起到了丰富建筑空间和外部形态的作用。

在两河交汇绿地结合高台小学搬迁及周围部分用地的调整，在该处设置文化馆、图书馆、综合展示馆、文化广场等，依托紫云宫、江神庙等文物建筑，形成以氐羌文化为特色的略阳县文化中心。

象山脚下老城区是略阳历史文化的集中体现地，整体风貌体现历史文化特征，多层建筑采用坡屋顶形势，墙面以灰色为主，考虑到当地防洪的特点，新建建筑采取底层架空方式，各建筑尽量通过二层步行系统连接。可尝试引入羌族传统民间形态模式，塑造层次丰富的山地城镇，依山而建，垒石而起，融于自然。

（二）城镇自然景观系统特色塑造——山体水体

通过滨水生态廊道和景观通道以及滨水广场的人性化、生态化、多样化设计，整合城镇发展脉络，展现城镇自然景观和风土人情，建立山水融合的、丰富而又多层次的公共空间景观系统。

1. 城镇与山体

山水融合的公共空间是人工环境与自然环境相接触的地区，生态学中称之为"生态界面"。应根据可持续发展、文脉延续性、社会网络的动态文化、人性化成所的塑造等现代景观理念进行规划设计，住户要考虑城镇空间的安全性、多样性、生态性以及空间的人文特色。城镇景观通道结构为"三横一纵"，南北纵向联系城镇公园象山和南山，东西横向联系山体绿地狮子山和凤凰山，背靠生态山体雨嚎山。

雨嚎山山系靠近铁路轨道，附近同时也有居住区域。可将山体与交通枢纽相结合，形成综合性的交通、居住片区。

象山和南山两处山系位于重要的城镇中心轴线上，可与城镇中心的商业文化片区相结合，形成具有现代气息的城镇山地公园或植入商业文化综合体。

狮子山和凤凰山山系起到分隔城镇主要居住生活区与矿区的功能，可开发成为郊野公园、森林公园、野营基地等以原始自然形态为主的山地公园。

可尝试引入羌族传统民间形态模式，塑造层次丰富的山地城镇，依山而建，垒石而起，融于自然。

2. 滨水景观特色及风貌的塑造

（1）滨水生态廊道及景观通道。八渡河是城镇主要景观水系，沿河设置滨河活动带、滨河公园等（见图5-14和图5-15），既可美化城镇环境，又能丰富居民文化娱乐活动。另外，玉带河是城镇功能性水系，嘉陵江是城镇过境水系。

图 5-14　滨河绿化空间

图 5-15　滨河景观带

（2）滨水广场。沿城镇河道两侧的滨水绿带、生态景观带，连接五山、多区（水源保护区、湿地保护区、风景名胜区）和各级公园广场，构建滨水特色景观。依水保留大片的用地作为城镇公共公园，利用水系串联起公共绿地、公共开放空间，用以整合城镇发展脉络，展现人文风情（见图5-16）。

图 5-16　滨河广场

通过河道景观廊道衔接，具有避灾减灾、隔离片区的功能，同时又是联系各个功能区的重要通道，将生态水景扩散至整个城镇（见图5-17）。同时可为镇民提供优质亲水空间，近距离体验滨水文化。靠近铁路，周边也有大量生活居住区，以沿河隔声公园的行驶创造绿色视觉屏障，并为居民提供游憩空间。贴近中心商业区，可与之相结合形成商业休闲水街，同时提供亲水空间，丰富中心区空间层次。邻近主要文化区，且处于三河交汇处，规划开发为自然形态为主的镇民公园广场。居住区、学校教育区，河道较窄，可在安全范围内提供亲水的步行沿河道。

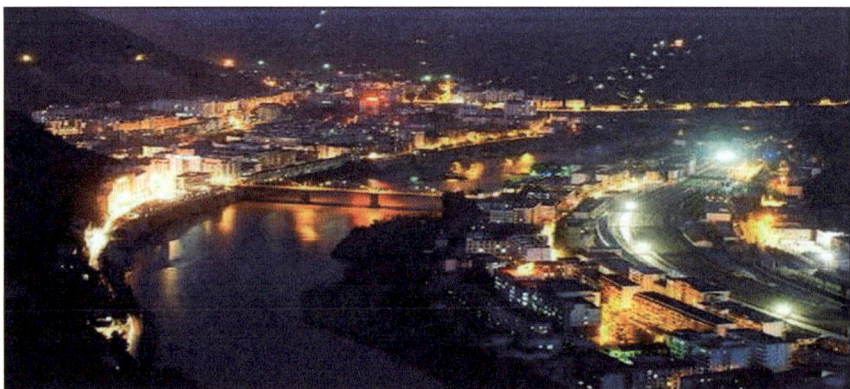

图 5-17　河道景观廊道

（三）城镇开放空间及重点特色区域塑造

城镇开放空间系统包括滨河公园带、城镇公园、城镇广场以及联系通道。通道向北至象山公园和菜籽坝新区，向南至南山公园，向西至灵岩寺，向东至接官亭新区。

1. 城镇街道

主要车行道路系统：对城镇路网进行优化，使得城镇沿河可以形成两条路网，并在中心城区形成环路，使得城区路网结构拉大。加大城区的用地范围，并且使得中心城区形成完整的商业中心系统。沿城区只要商业设施、公园、广场、滨水景观等地均规划人形通道。

主要步行道路系统：沿八渡河西侧设步行道路系统，建设沿河景观道路。并通过步行桥与商业区的步行系统相结合，沿山形成步行系统，形成相对自由的步行空间（见图5-18和图5-19）。

图 5-18　塑造沿河景观道路

图 5-19　塑造沿山步行系统

　　主要桥梁规划：规划车行桥6处，即北居住区2处，菜籽坝大桥、体育馆大桥、嘉陵江南大桥、火车站大桥解决主要的车行道路交通。

　　规划步行桥2处：步行街桥、嘉陵广场大桥。

2. 城镇开放空间

　　将老城区的功能中心集中在半岛和凤狮路一带，并结合重要建筑设计开放空间，形成城镇主要开敞空间和集散地，如文化广场等。略阳街道现状有些凌乱，应通过合理的规划设置街道的空间布局，使街道看起来更加有特色、美观、整洁。建筑特色重点把握丰富多彩的建筑功能、开阔的城镇空间、变化统一的建筑要素。以"五山三水"为背景，老城区以传统特色建筑为主，打造商业步行街；新城区以现代的简介建筑为主，使用传统建筑语言，强调传统建筑元素和色彩。通过沿河景观带连接，并引入水的元素（见图5-20）。

3. 绿地系统

　　城镇绿地分为滨水特色景观带、重要节点绿地、山体绿地和一般绿地（见图5-21）。老城区的经济中心是半岛中心的最高点，即文化广场。其中，滨水景观带以休闲娱乐等功能为主，沿主城区的八渡河两岸规划。滨水景观带一侧建筑群体依山而建，另一侧建筑分布在滨水绿地中，两岸的建筑群落形成错落有致的夹河风光带。山体绿地结合功能要求，成为能够俯瞰略阳的良好观光地点。城镇其他绿地以种树为主，结合局部景观小品，形成以步行交通空间为主的景观绿地系统。

图 5-20　塑造城镇的滨河开放空间

图 5-21　山体绿地

例如，滨河特色景观带，设计餐饮、零售、演艺、健身等功能场所，沿河展开，两岸遥相呼应，建筑形式为高差多层错落院落式，依山而建（见图5-22）。

图 5-22　塑造滨河特色景观带

4. 人文历史节点

在原略阳县高台小学的旧址上规划设计羌文化广场，以历史和民族特色为建筑语言，形式与内容统一，强调与广场周边原有历史文物建筑、景观的协调性。有序打造精品旅游线路，灵岩寺—江神庙—五龙洞佛教、氐羌文化、生态旅游线；《石门颂》—《郙阁颂》—《西狭颂》即"汉三颂"旅游线路；略阳五龙洞—九寨沟名牌旅游线路等。搞好嘉陵江第一漂流的宣传、服务，以及与嘉陵江风光、古嘉陵栈道、《郙阁颂》遗址、江神庙、灵岩寺等融为一体的休闲旅游线路。

老城中心区文化广场周边现存两座古建筑，即江神庙和紫云宫。利用原有高台广场地势特点，将两座建筑合并成为略阳城历史文化广场，同时借助抢救羌族文化遗产的契机，将图书馆、文化馆改建到新的历史文化广场区域内，使整个高台广场成为未来略阳的城镇历史文化中心，成为整个城镇的空间中心和文化制高点（见图5-23）。

图 5-23　打造略阳的历史文化特色

（四）城镇历史和文化特色及风貌塑造

控制引导城镇特色文化活动，发掘继承现有非物质文化遗产，开辟公共活动空间。举办略阳民间艺术节、开展略阳艺术展、举办略阳民间艺术为主题的书画大赛等一系列活动。大幅提高略阳知名度，带动略阳旅游产业发展，增强城镇经济效益；充分利用略阳民间艺术元素，打造特有的城镇风貌特色。

第六章　中等城镇特色与风貌塑造的实践
——以北海为例

北海市的特色风貌是城镇人文意向和精神文明的体现，作为历史文化的载体，是人们寻找记忆、体味历史的寄托。随着北海市城镇特色和风貌的衰亡，探索塑造北海城镇特色与风貌的道路已经刻不容缓。

一、北海城镇概况

北海是广西壮族自治区所辖地级市之一，地处广西南端、北部湾东北岸。北海市域总面积3337km^2，市区面积957km^2，市辖合浦县、海城区、银海区、铁山港区，北海市常住人口163万人。

北海历史悠久，最早可追溯至宋代甚至是魏晋南北朝时期，是连接东南亚甚至是欧洲的重要桥梁。北海市始见于清康熙初年，清嘉庆年间沿称为市。北海是古代"海上丝绸之路"的始发港，近代成为对外开放的通商口岸，改革开放时期成为国家首批14个沿海开放城市之一，目前是拥有西部地区唯一的同时也是整个北部湾地区唯一的临港出口加工区，未来北海是北部湾地区开放程度最高、国际国内经济合作基础最好的城市。

北海市区南北西三面环海，有涠洲、斜阳两个海岛。与海南省隔海相望，邻近东南亚诸国，背靠大西南云贵川诸省，处于大西南、海南及东南亚的中枢位置，地理位置优越。北海拥有中国五个最美度假胜地之一的北海银滩国家旅游度假区、中国最年轻的火山岛涠洲岛，是中国最适宜居住城市"三海一门"（珠海、北海、威海、厦门）其中之一。北海市面临的北部湾有丰富的海洋资源，为中国"四大渔场"之一。

二、北海城镇特色与风貌现状分析

城镇特色是一座城镇的总体风貌的提炼，反映出一座城镇在物质基础和意识形态上的面貌。北海现状城镇形态与空间布局反映了北海市的历史变迁与总体印象，山水格局和自然资源决定了北海市的景观特色风貌，历史文化是北海市精神文明特色底蕴的体现，产业资源是评价北海市经济基础的核心因子。总体而言，北海市现状城镇特色风貌较为缺乏，呈现千篇一律的现象。

（一）城镇形态演变及城镇空间布局

历史上，北海市的城镇形态和城镇空间布局几经演变，主要经历了5个阶段（见图6-1和图6-2）。

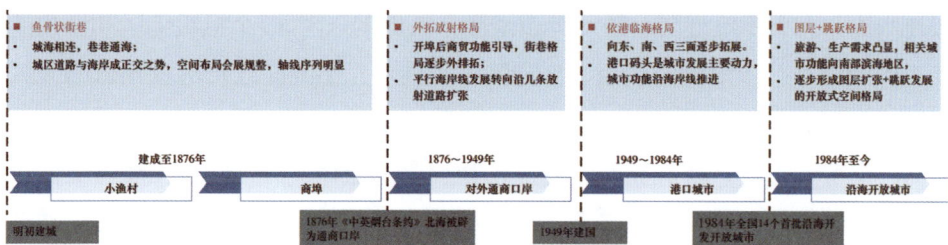

图 6-1　北海城镇格局变迁示意图

图 6-2　清道光年间北海市区（沙脊街）手绘图

近代城镇发展：一直到新中国成立初期，北海地区临海的小城镇基本上都是沿着北部海岸线呈带状分布，即现在的老城区范围（地角至高德）；如珠海路、中山路、茶亭路的风貌就可以作为这一时期的代表。

20世纪六七十年代：改革开放前期，城镇平行岸线逐渐向南扩展，城镇形态逐步扩大，北部湾路集中建设了城镇的各项公共设施和行政办公建筑，成为这一时期建设的象征。

20世纪八九十年代：改革开放后，城镇空间继续向南扩展，到了90年代，城镇进入了一个大发展时期，形成了大北海建设的基础框架，北海大道地区集中建设了城镇的金融、办公、娱乐等大型公共设施，成为这一时期的主要象征。

同期，1983年10月北海荣提升为地级市；1984年4月被国务院确定为进一步对外开放的14个沿海城市之一。这些政策也辅助了北海的对外发展和城镇转型。

20世纪90年代至今：北海近年经济发展是一种追赶式的大跨越，公路网络四通八达，有石步岭港区、铁山港西港区、铁山港东港区3个枢纽港区和海角港点、侨港港点、沙田港区、涠洲岛港区等小港点、小港区以及远景预留的大风江港区。拥有"滨海、风光、人文、古迹"四大类旅游资源和"海水、海滩、海岛、海鲜、海珍、海底珊瑚、海洋动物、海上森林、海上航线、海洋文化"十大旅游特色，集"海、滩、岛、湖、山、林"于一体，以滨海自然风光和以南珠文化为代表的人文景观兼备。

1. 城镇市域空间格局——"一心两轴"

北海市域发展将强化中心城发展，加快合浦县城（廉州镇）发展，注重中心镇发展，同时，搞好一般乡镇建设，将北海市域空间结构打造为"一心两轴"格局。

"一心"是指中心城（包括主城区和铁山港区）。"两轴"是指北部湾滨海城镇发展轴与325国道城镇发展轴。

2. 城镇市区空间格局——"一城两区八组团"

根据总体规划，北海市将形成"一带两湾"城镇发展新格局。"一带"是指以海景大道为依托，形成多节点的滨海经济发展带；"两湾"是指以铁山港湾为依托，打造成为连接两广沿海的区域性临海工业基地、物流商贸中心和区域合作平台；以廉州湾为依托，打造以高科技产业为重点的现代工业园区和美丽宜人的"北部湾国际新城"。

市区规划结构为构建"一城两区八组团"的城镇空间结构骨架。"一城"是指中心城,即中心城建设用地范围,包括两区,即主城区和铁山港区。改造北铁公路使其成为连接两区的快速干道;两区之间及周边设置以生态保护带为主,充分体现"海、城、港"的城镇空间特色;"八组团"是指主城区内的旧城区组团、海湾新城组团、铁路南组团、大冠沙新区组团、竹林组团以及铁山港区的铁山港东组团、铁山港西组团、港口物流组团。

北海市道路系统主要分为主、次、支三个等级,形成主城区的主要交通骨架。与此同时,城区北部历史街区内分布了诸多幽深狭窄的小巷,形成城镇慢行交通,丰富了北海市的城镇交通空间。中山路、珠海路是北海历史变迁的缩影,具有连续统一的建筑立面、合宜的街道空间尺度、典型的"南洋风"建筑,规划应遵循原有风格,有计划、有步骤地进行街区景观改造,以丰富北海市人文景观。公园路、文明路、地角路、茶亭路等街道处在居民生活活动密集区,是最能体现北海传统文化气息的街道空间,周围房屋连片,店铺林立,并保留有不少历史建筑,在旧城区改造时,应该处理好保护与开发之间的关系,要在保护其特色风貌的基础上加以创新。

3. 绿化开敞空间格局

滨海绿化带:冠头岭森林公园、侨港、白虎头、大冠沙、银滩等节点串接而成的滨海绿化带,不仅具有游憩功能,还承担防风的生态功能。主要包括滨海自然绿化带;运动、旅游活动区;高档旅游度假村等。

铁路防护林:铁路正线两侧100米以内为铁路防护林带,以自然林地、苗圃为主,是绝对控制建设的地带。

冯家江绿化带:冯家江部分地段从中穿过,自然的地形,水体、林木形成具有田园野趣的旅游带,将对北海的空气净化、环境治理起到重要作用。

公共活动空间:北海市以北部湾广场、海门广场等为主,北部湾广场紧邻老城区核心商业区,由商业建筑以及两条城镇道路围合,具有较高的空间吸引力;南珠广场是交通性环岛广场,是城镇门户的新形象。

滨海空间:北海市主城区海岸线主要有两种空间形态:一种为人工硬化岸线,主要分布于廉州湾沿线;另一种为软质沙滩岸线,主要分布于银滩等南部海岸线。

视觉廊道：北海市地形平坦，自然制高点位于城区西侧的冠头岭，是北海市主要的视聚点之一，而主要视觉焦点多集中在广场、大型雕塑等城镇景观上。市区内高层建筑较多，以道路廊道为依托，远看城镇优美景色，可达到视线上的最佳景观。

城镇眺望点：目前能够眺望北海全市的观景点仅有凯旋国家商务大酒店31层的旋转餐厅，冠头岭虽具备较高的地理优势，但无合适的眺望平台。

4. 人文景观格局

公共艺术——城区内特色风貌符号较多，基本以公共艺术的形式出现，但美感、创意性设计水平不高。城区内的特色环境装置、小品、雕塑等公共艺术品较少，需要进一步完善。

夜景灯光——城镇道路照明系统层次不足，道路亮度等级划分简单，部分区域灯光照明定位不准确。景观照明和功能照明混淆，灯型单一，商业性、生活性、交通性的主干路上的灯具风格过于雷同。建筑灯光未能很好地体现建构筑物的整体轮廓，灯光类型较为单一，景光灯档次不高。

地标建构物——地标场所有北海老街和侨港休闲街区，地标道路有西南大道和北海大道等。地标建筑有北部湾一号、皇都大酒店、银滩壹号、路海大酒店、北海市图书馆等。

5. 建筑空间形态

建筑空间形态是处在发展与不断延续中的，而建筑艺术特色的研究不仅仅只是收集和认识，更是特色的归纳与提炼。

（1）建筑形式。骑楼——建筑融入西式拱券和柱廊，演进成二层以上建筑伸出人行道由立柱支撑，使临街界面的下层局部架空，形成柱廊式人行道，像是楼房"骑"在人行道上，故名"骑楼"（见图6-3）。

竹筒屋——由于在通风、采光、排水等方面具有明显的适应性，是岭南近代传统商住建筑形式之一。

"疍家棚"是疍民在海岸边搭建起来的简易小棚楼。一般用几根木头作疍家棚的桩柱，用篾笆或旧船板作棚楼墙，用旧船板铺作棚楼板，用竹瓦或油毛毡盖疍家棚的棚顶（见图6-4）。

图 6-3　北海老街（骑楼街）

图 6-4　北海疍家棚

客家围屋——北海客家建筑文化的典型体现，合浦县闸口镇边坡村的社边坡客家围屋，依地势以石呈八角形围筑围墙，目前仍保留有影壁、门楼、祠堂、水井等遗存，保存较为完整。

（2）建筑色彩。住宅建筑：建筑墙面色彩多以白色、蓝色、咖啡色、青色等为主色调，窗户多以绿色、白色为辅色调，体现出滨海城镇宜居特色。

公共建筑：建筑多以多元色为主，色调达到视觉冲击力，同时采用独特的材质，给人们留下深刻的印象。

产业建筑：建筑采用大体块布局，墙体多以白色、灰色为主，建筑高度在2~4层，与周边建筑色彩保持一致。

（3）建筑风格。历史老建筑：建筑物保留了历史风貌，采用中西结合风格特色，体现了岁月痕迹。部分房屋已属危房，住宅多数为传统砖木结构，外墙面已残缺、破败不堪（见图6-5）。

图6-5　北海历史建筑

现代主义建筑：建筑外形采用现代主义风格，用现代手法处理建筑外表，装饰上偏于简洁、朴实，功能上注重实用、耐用，体现出国际滨海都市的风格（见图6-6）。

古典主义建筑：建筑采用古典主义风格，用现代手法还原古典气质，讲究风格、追求神似，用现代节能材料和加工技术追求宫廷式华丽风格，提升市民生活品质。

图 6-6　北海现代建筑

（二）城镇山水格局及自然资源

北海地处亚热带，阳光充沛、雨量充足、植被丰茂，全年花繁叶绿，四季瓜果飘香，具有亚热带滨海风光，大陆和海岛沿岸有众多天然优良海滩；以著名的银滩为代表的海滨带，风光旖旎，具有发展滨海旅游业"海水、阳光、沙滩"的全部要素（见图6-7）。

图 6-7　北海自然风光

北海拥有中国五个最美度假胜地之一的北海银滩国家旅游度假区、中国最年轻的火山岛涠洲岛，是中国最适宜居住城市"三海一门"（珠海、北海、威海、厦门）其中之一。北海拥有一个国家级旅游度假区（北海银滩国家旅游度假区）、两个省级旅游度假区（涠洲岛、星岛湖）、多个文化旅游景点（冠头岭国家森林公园中山公园、长青公园等），是一个集"海、滩、岛、湖、林、山、古迹、人文"于一体的海滨城镇。

北海是中国西南地区唯一的沿海开放城市，其饮用水质是国家一级标准，空气的清新程度在全国名列前茅，北海每立方厘米空气中的负离子含量高达2500～5000个，比内陆城镇高出50～100倍。

总之，沙白水净的海滩，碧蓝的大海，明媚的阳光，道路两侧绿树成荫，中西合璧、华洋并存的市区建筑，环境优美的住宅小区，别具风格的绿化广场，共同构成北海这幅美丽的画卷（见表6-1）。

表6-1　北海自然要素

自然要素	资源现状	城市需求	特色引导启示
地貌	三面围海的半岛城镇，连接东盟的出海口，滩涂面积5万公顷	满足游客观海的需求，要配置货运港口等	以海洋的颜色——蓝色为主题的沿岸旅游服务业开发、海港城镇特色物流产业
气温	年平均气温22.9℃，夏季温度不算太高，平均最高温度为32～33℃，极端最高气温也不过36～37℃	适合植物生长、景观植物的物种选择与搭配	打造优美的自然植物景观
降雨	年平均降雨量1670mm，夏季是北海多雨的季节，时常出现大到暴雨	防雨、雨水收集处理	建筑形式采用骑楼、雨水的收集再利用
空气	空气清新，每立方厘米空气中的负离子含量高达2500～5000个	丰富的室外活动，室外滞留时间的保证	将室外开敞空间公园、广场等打造成户外氧吧
总结	由北海城镇的自然特色分析可知，北海自然地理位置优越，海洋特征体现明显，气候温暖、风景宜人，适合人们休闲旅游度假居住。在规划中要充分体现北海的海洋特征和宜居的特色		

（三）城镇历史文化资源

北海有着2000多年的行政建制历史，悠久的历史创造了辉煌的文化资源。其中包括以海上丝绸之路始发港为标志的海洋开放文化和佛教南传文化；以"珠还合浦""廉山留名"为标志的吏治文化；以万座汉墓葬群和汉窑群为标志的合浦汉文化；以七大古珠池为标志的珍珠文化。此外，还有客家文化、疍家文化、百越文化等。这些文化可谓北海潜力巨大的特色资源宝库。

（1）"北海"是海上丝绸之路始发港之一，我国西南地区对外贸易的重要商港。北海是海上丝绸之路有文字记载的最早的始发港之一，中国西南地区较早开展对外贸易的重要商港，近代我国南方重要的对外商贸港口和广西最早开放的通商口岸城镇（见图6-8）。作为中国对外开放的前沿，北海的港口贸易有力地推动了当时地区的经济发展，对今天北部湾地区走向东盟起到了重要作用。南流江畔的合浦汉墓群、大浪古城遗址、石康塔等文物保护单位和南康镇、廉州镇等古村镇内保留的历史文化街区，是北海对外贸易史的重要见证。

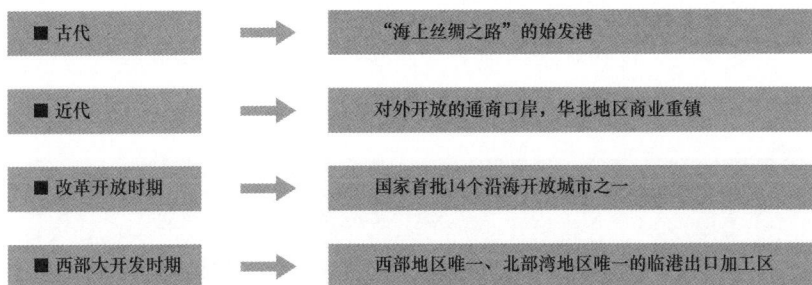

■ 古代	→	"海上丝绸之路"的始发港
■ 近代	→	对外开放的通商口岸，华北地区商业重镇
■ 改革开放时期	→	国家首批14个沿海开放城市之一
■ 西部大开发时期	→	西部地区唯一、北部湾地区唯一的临港出口加工区

图6-8　城镇形态演变

（2）南疆海防体系的重要要塞。北海是南部沿海重要的海防要塞，是广西连城要塞东部重要的军事战略要地（见图6-9）。市域保留有地角炮台、冠头岭炮台、冠头岭军事设施旧址、涠洲岛军事设施旧址、涠洲岛革命烈士纪念碑、北海革命烈士纪念碑及廉州镇红、白泥城遗址等众多珍贵的文物古迹。1885年的抗法入侵和1936年发生的"九三事件"，是北海在近代反帝斗争中起过重要军事防御作用的直接体现。

图 6-9　军事战地与港口

（3）南珠文化。北海是著名的"南珠之乡"，南珠文化的发源地与传承地，城镇中至今仍保存着白龙珍珠城遗址、杨梅寺遗址、民间故事"珠还合浦"等反映南珠文化的文物保护单位和非物质文化遗产，并在城镇生活中延续命名与"珠"有关的城镇道路、广场、雕塑等，成为南珠文化的重要载体。

（4）疍家文化。自秦汉起，便有疍民居住在北海，疍家风俗习惯《疍家婚礼》《疍家服饰》《咸水歌》是北海市第一批市级非物质文化遗产（见图6-10）。

图 6-10　疍家文化

（5）民俗活动。北海端午节组织渔民和居民进行龙舟队比赛，同时放鸭竞夺、闹花庭等，既是对优秀传统文化的传承，也是一项有广泛群众基础的文化娱乐活动（见图6-11）。

图6-11　民俗活动

（6）中原文化。中原文化在北海最直接的体现就是客家文化，当地居民大都有着强烈的祖先崇拜意识、存在祠堂及族谱；当地方言即廉州话不仅受客家话的影响，也有中原古汉语的痕迹（见图6-12）。

图6-12　中原文化

（7）岭南文化。由于地缘优势和行政隶属关系，北海近代商贸往来以广府商人居多，北海老城有广州会馆旧址、西场镇有广州会馆、廉州镇有广州会馆等（见图6-13）。

图 6-13　岭南文化

（8）中西文化融合。北海成为南方重要的对外商贸港口，多元文化在北海交会融合，中西合璧的近代建筑和骑楼，数量多且分布较为集中，使北海成为西南地区近代中西方文化交流最集中的代表地。另外，北海的城区中还有教堂、寺庙等中西宗教建筑，也体现了中西文化的兼容（见图6-14）。

图 6-14　中西文化融合

（四）产业资源要素

北海作为全国著名的沿海开放城镇和滨海旅游城镇，其产业发展迅速，特别是在特色经济林产业、临海港口产业、文化旅游产业等方面不断壮大。同时积极推进电子信息、石油化工、临港新材料三大产业的园区建设，不断增强城镇发展的产业支撑，城镇产业面貌焕然一新。

1. 三产比重

第一产业GDP占GDP总量20%以上，其中渔业在第一产业中占据主导地位，渔业产值占第一产业总产值的59%（2011年）。第二产业GDP占北海市GDP总量40%以上，近几年第二产业保持30%左右的高增速，第二产业在产业结构中比例将有所上升。第三产业GDP占北海市GDP总量30%~40%，第三产业保持10%的速度稳定发展。

2. 发展动力

2011年5月，自治区政府确定北海市石油化工、新材料、电子信息等三大产业将于2015年形成千亿元产业，北海市由服务业主导向产业主导转变。城镇的产业转型，将对城镇经济产生强大的带动作用，进而实现北海城镇快速发展（见图6-15）。

图6-15 北海产业园区

通过北海的经济指标变化进行分析，得出北海的产业发展趋势有如下特点：

（1）北海经济发展迅速，GDP增长呈强势上升趋势。

（2）GDP增长率总体呈上升趋势，且近年来不低于15%。

（3）北海旅游收入和年游客总量呈上升趋势且增长速度较快。

（4）三产比重中第一产业比重逐年下降，第二产业比重呈先升再降再升的趋势，逐步趋于稳定，预计将稳定在50%左右，第三产业呈先降再升再降的趋势，但总体来看，第三产业总体不低于30%，且呈现出上升势头（见图6-16）。

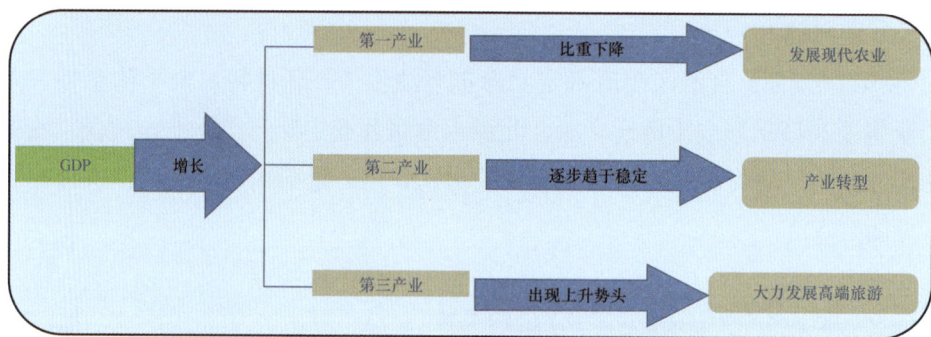

图 6-16　北海产业转型

三、北海城镇特色与风貌塑造总体策略

对北海城镇特色与城镇风貌进行规划设计，其目的是为了在文化全球化浪潮中保持北海城镇自然、历史、民族、文化特色和北海自身的个性、气质及独立性，体现北海区别于其他城镇的独特之处。本次北海城镇特色规划的策略主要包括尊重北海生态自然特色、继承发扬城镇悠久历史文化特色、勇创北海城镇品牌、与世界接轨（见图6-17）。

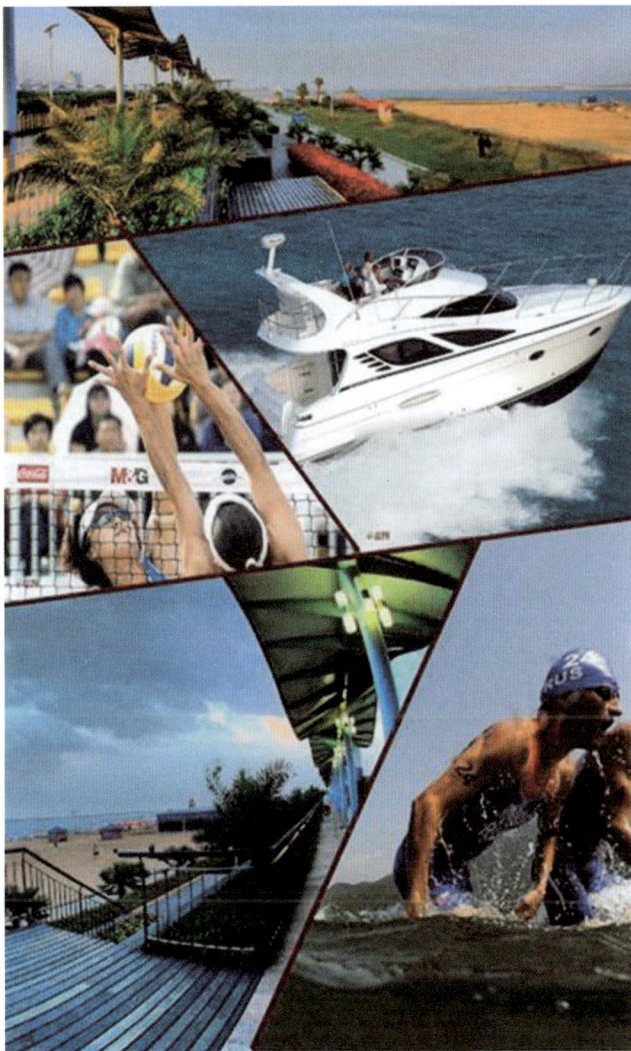

图 6-17　北海未来城镇特色

（一）产业发展与城市特色

北海市城镇特色与城镇风貌的塑造需要综合考虑城镇建设、城镇人居环境等方面的问题，统筹城镇产业发展，广聚英才，提升城镇经济活力，达到富国强民的目的。其中，城镇活力不是由旅游一个"发动机"推动的，而是由多个"发动机"同时驱动。规划应引导北海产业向低碳、生态、绿色方向发展，加大改革开放力度，限制污染性工业的发展，引导城镇旅游工业、高科技工业和无污染的临港工业快速发展，将北海打造成为北部湾电子信息产业硅谷、全国石油化工产业基地、国家高效生态经济示范基地。

北海市城镇产业的发展思路以"资源节约、环境友好、节约创新"为主，实现企业内部、产业内部、产业与产业之间三个层次的循环、节约、创新发展，实现北海市城镇产业的有机联动。对于城镇支柱产业的选择，主要依据北海市的特色定位，结合城镇现状发展情况，确定北海市的产业发展优先度为旅游、文化等加速城镇形象塑造的产业为战略型先导产业，石油化工、新材料、电子信息等落实区域经济增值的产业为核心型产业，教育科研、医疗养生和现代物流等改善城镇生活品质、提升城镇幸福感和吸引力的产业为支撑型产业，使北海迅速成为一处经济高地，实现北海城镇全面快速发展。

（二）自然生态与城市特色

凸显北海市城镇生态、人文特色，坚持以人为本原则，道法自然，促进北海自然生态、历史人文等特色资源与城镇建设的有机结合，构筑北海美好未来（见图6-18）。

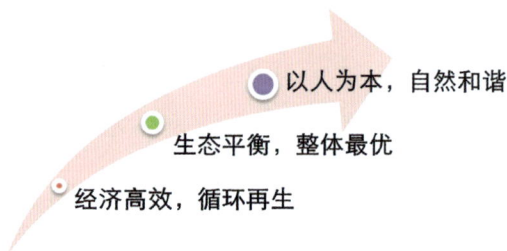

以人为本，自然和谐

生态平衡，整体最优

经济高效，循环再生

图 6-18　城镇生态人文延续思路

为将北海建设成为花园绿城，规划对北海市不同城镇空间的生态特征进行识别，通过生态功能区划，保护北海河流、森林等生态特色资源。另外，将北海自然景观引入城镇区，建设城镇绿色廊道，强化对城镇原生湿地特色风貌的保护和营造。

利用北海丰富的历史文化资源，在空间设计中塑造历史文化廊道，并同时利用现状铁路的西段改造成为特色区内的观光轨道交通系统，在提升旅游吸引力的同时传承港口文化痕迹，延续城镇文脉（见图6-19）。

图6-19 北海城镇风光

（三）城市结构与城市特色

以人为本，多样性空间是活力"场所"的必要条件，也是宜人宜居城镇特色的首要条件。结合北海城镇特色规划，提出城镇活力空间设计理念。结合北海城镇不同的功能区，营造多样的生活空间，创造特色的"愉悦生活"模式，从而创造活力特色空间，培育多样的生活模式，彰显北海城镇特色，创造良好的城镇居住生活环境。

通过对居住空间、公共空间、商业空间以及街道空间的重点设计，塑造北海海滨宜人宜居的城镇特色，提升北海城镇活力和城镇吸引力，打造城镇特色突出的滨海先锋城镇。城镇居住空间设计在不同档次居住区范围内，通过相应的人性化和生态性的设计，打造舒适、休闲的生活氛围；公共空间设计为城镇重要节点，使其具有一定的主题思想，和当地的历史人文相结合，强调城镇整体空间构图，突出城镇特色景观效果，增强其服务功能和设施配套，使其便于公众利用；商业空间的设计主要是将娱乐、餐饮和时尚三者融为一体，打造人性化的城镇核心区空间效果，营造整体感强又富有变化的重要的商业街区；街道空间设计结合道路功能，设置功能性设施、信息性设施、休憩性设施、观赏性设施等（见图6-20）。

图 6-20　滨海先锋城镇示意图

（四）城市品牌与城市特色

对北海市自然风景、人文特色、城镇现状特色等进行整合，打造北海自身品牌，深化城镇内涵，树立北海城镇新形象，通过多种营销手段，提升城镇吸引力，让人们了解北海，认识北海，走进北海，将北海建设成为一个滋养心灵的新鲜源泉（见图6-21）。

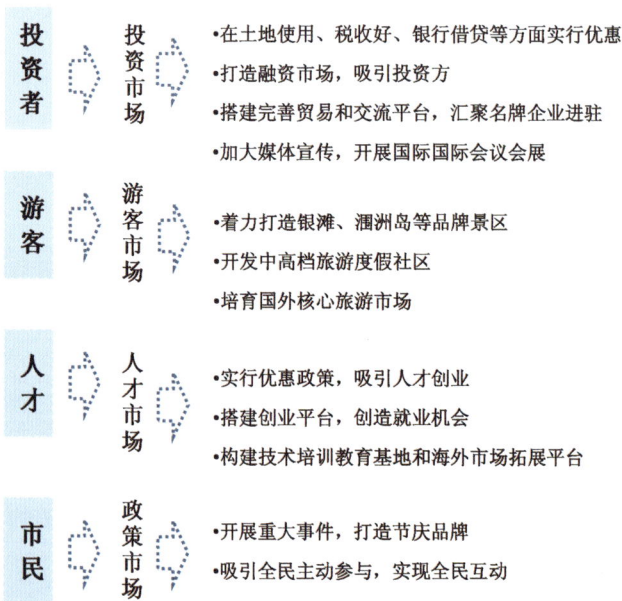

投资者	投资市场	·在土地使用、税收好、银行借贷等方面实行优惠 ·打造融资市场，吸引投资方 ·搭建完善贸易和交流平台，汇聚名牌企业进驻 ·加大媒体宣传，开展国际国际会议会展
游客	游客市场	·着力打造银滩、涠洲岛等品牌景区 ·开发中高档旅游度假社区 ·培育国外核心旅游市场
人才	人才市场	·实行优惠政策，吸引人才创业 ·搭建创业平台，创造就业机会 ·构建技术培训教育基地和海外市场拓展平台
市民	政策市场	·开展重大事件，打造节庆品牌 ·吸引全民主动参与，实现全民互动

图 6-21　城镇营销重大举措

打造北海城镇品牌，扩大城镇影响力。针对北海市城镇发展与旅游资源的特性，举办在全国乃至国际上具有重要影响力的节庆活动或赛事，提高北海的知名度和竞争力。完善城镇服务设施，提高城镇服务质量。建立完善的城镇服务体系，加强城镇硬件服务设施建设，提高城镇服务设施的覆盖率；着重提高城镇服务软实力水平，提升城镇服务质量。加快滨海地区沿线旅游服务设施建设，完善旅游服务体系，提升城镇旅游服务能力，促进城镇旅游产业持续健康发展。营造北海美好的城镇生活环境，建设宜居滨海城镇。打造一流的城镇景观，构建优美的城镇环境，重点突出北海滨江、滨海绿化空间和城镇整体绿色生态网络，提高城区绿地数量和质量，形成布局均匀、形式多样、独具特色的城镇园林绿地体系，构建"依海为带，围绿成心，海城共融，城水相依"的滨海园林城镇格局，营造良好的宜居环境。

（五）城市战略与城市特色

通过整合优化北海城镇空间结构形态凸显北海城镇特色风貌，使北海市从城镇封闭格局走向区域共生的网络格局（见图6-22）。

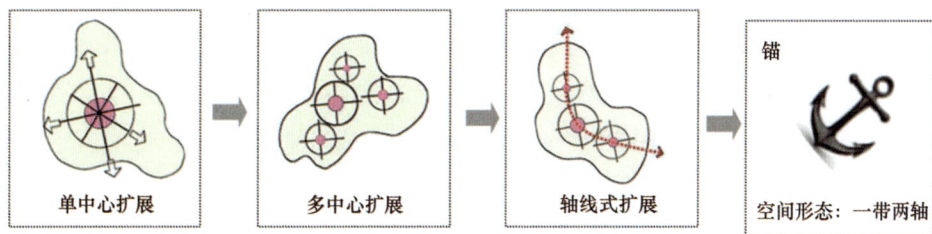

图 6-22　城镇结构模式思路

充分协调北海新老城区功能结构之间的关系，在道路系统、景观轴线和用地布局上进行整体综合，既体现新区的建设风貌，又不失旧城的历史文化特色。老城区新老建筑相互融合，保留一定的城镇自然肌理。新城区结合良好的自然资源，通过控制建筑高度、形态、色彩等要素，塑造新城现代特色。两者通过城镇道路、河流、楔形绿地、广场、滨海岸线等开敞空间的联系，形成相互呼应、相互协调的城镇整体风貌景观。

北海市主要通过道路网络骨架以及城镇公共空间系统构建"一带两轴"的北海城镇空间结构形态。设计一个形态完整、功能完善的滨海生态的公共空间带，提供参与、观看、亲近、体验等多种人文景观，将北海塑造成最具合力、最有价值、自然生态休闲的城镇。通过城镇建筑高度控制塑造紧凑、节奏感强的城镇天际线，通过重点区域的标志性建筑，打造经典的天际线点缀，凸显现代化国际先锋城镇形象。

四、北海城镇特色与风貌的塑造及形成

北海城镇特色与风貌以优化城镇整体空间环境、塑造城镇风采和神韵作为首要任务，首先确定总体风貌定位，然后进行城镇特色风貌构想，最终通过不同城镇特色要素进行控制，凸显和塑造"现代滨海、花园绿城"的整体特色。

（一）北海城镇特色与城镇风貌定位

北海城镇特色与风貌的定位为现代滨海，花园绿城。何谓"现代滨海，花园绿城"？从字面上理解，代表的是城镇的现代化与自然生态和自然水资源的一种关系。从现代的层面上看，它代表的是一种超越、一种创新、一种多元，一种启蒙的特质。现代滨海不仅是一种姿态，更是城镇竞争力的体现。"现代滨海，花园绿城"的内涵是指不断创新、包容发展，并且拥有自由、平等、生态、创新、探索的特征。北海市城镇特色的塑造以现代滨海花园绿城为主线支撑，以"现代滨海"的特色塑造、"花园绿城"的特点塑造为支线（见图6-23）。

滨海城市：
集群发展的现代海洋产业
景观优美的城市公共岸线
持久的海洋环境保护计划
良好有序的生活工作环境

绿色城市：
可持续发展的城市开发策略
强调绿色的紧凑型城市建设
富于创意的花园式生活环境
绿色低碳的生态型交通技术
城市与环境融合的绿色网络

海城
绿城

现代城市：
优势突出的现代产业支撑
完备高效的城市服务功能
舒适宜居的友好生态环境
体现时代特点的先进文化

花园城市：
适宜园林景观的城市美化
健全的景观遗产管理机制
完善的城市靖负保护措施
广泛的社会公众参与体系
舒适宜人的健康城市生活

图 6-23　城镇特色研究主线解析图

（二）北海城镇特色与风貌构想

依托北海自然景观特征，凸显海湾之格局，合理保护城镇历史文化，塑造城镇现代景观，焕发城镇生机与活力，在提升城镇形象的过程中打造"现代滨海"特色和"花园绿城"特色。

1."现代滨海"特色

北海市的"现代滨海"特色由滨海产业、滨海旅游业和城镇现代交通凸显。优势明显的滨海产业包括：潜力巨大的临港工业，建设具有国际竞争力的现代临港产业基地；与时俱进的海洋渔业，提高北海渔业水产品市场竞争力，发展的现代化标准渔港；高度发达的滨海商业：建设高标准的滨海旅游服务设施，提升北海影响力。

特色突出的滨海旅游包括两个方面。一是丰富多样的滨海旅游体系：以滨海度假、跨国旅游为重点，创造丰富多样的滨海服务；极具特色的文化产业体系，促进文化产业与旅游业有机融合。二是形式多样的旅游休闲项目：利用地域特色和自然景观条件，开展形式多样的休闲旅游。

城镇现代四通八达的交通包括：高效便捷的城镇交通，绿色低碳的公路、铁路、水路、航空并进的现代立体化交通网络体系；流畅发达的信息网络，即无线信号全覆盖，创建智能交通系统，实施"百兆光纤"工程。

2."花园绿城"特色

原生态环境涵养与保护：塑造绿色生态格局，构建由绿色基质、廊道和众多斑块组成的生态格局；打造生物安全格局，建立生物栖息地核心区、缓冲区，以及生物廊道；建设城镇氧吧，调整用地与建筑布局，完善开敞空间，制订空气保护规划。

（1）生态基础设施。打造三级雨水收集廊道：一级补给水源，二级蓄积雨水，三级防止"热岛效应"；完善污水处理系统，再生水系统改善生态环境，实现水生态的良性循环；新能源的开发与利用，利用优越的地理位置，开发海洋能、风能等新能源。

（2）城镇建筑。塑造特色建筑风貌，滨海区、老城区、新城区、产业区建筑风貌各具特色；打造绿色建筑风貌区，推进绿色建筑一体化，推进绿色生态城区建设。

（3）花园城镇。无处不在的园林绿化：加大公园、绿色廊道建设，打造"城在园中"绿地系统；异彩纷呈的城镇色彩，在城镇基底上凸显和谐统一的人文、建筑、植物色彩特色；开放流动的公共空间，打造无缝衔接、艺术宜人、富有趣味和层次感的开放空间（见图6-24）。

图 6-24　塑造北海市开放流动的公共空间

（三）北海城镇特色与风貌的塑造

依托北海当地自然景观和人文景观特征，从空间格局、景观系统、道路系统、慢行交通、视觉廊道、城镇色彩和城镇夜景等几个方面进行北海城镇特色的塑造，进而凸显塑造"现代滨海花园绿城"的设计理念。

1. 北海城镇空间格局

北海城镇的空间格局为"一带两轴三核多中心"（见图6-25和图6-26）。

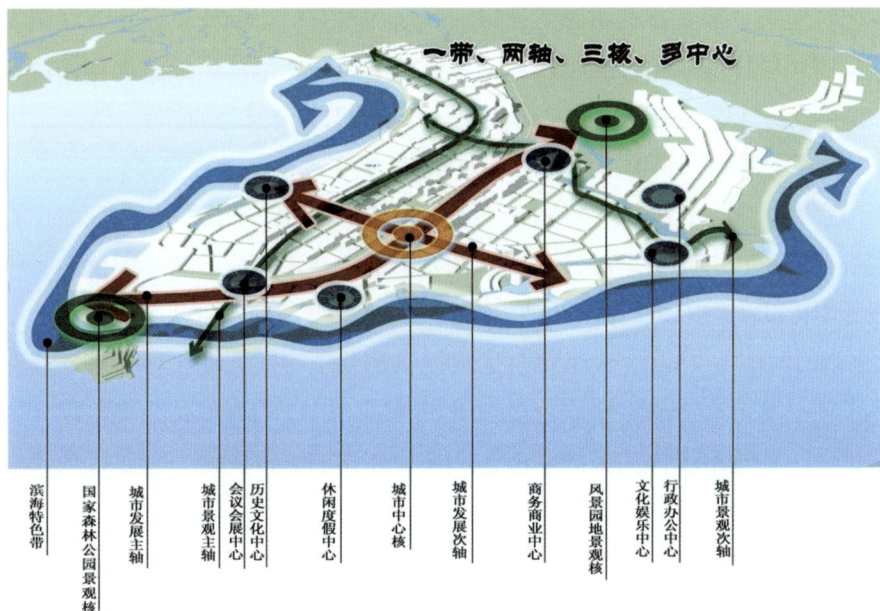

一带、两轴、三核、多中心

滨海特色带
国家森林公园景观核
城市发展主轴
城市景观主轴
会议会展中心
历史文化中心
休闲度假中心
城市中心核
城市发展次轴
商务商业中心
风景园地景观核
文化娱乐中心
行政办公中心
城市景观次轴

图 6-25　北海城镇空间格局图

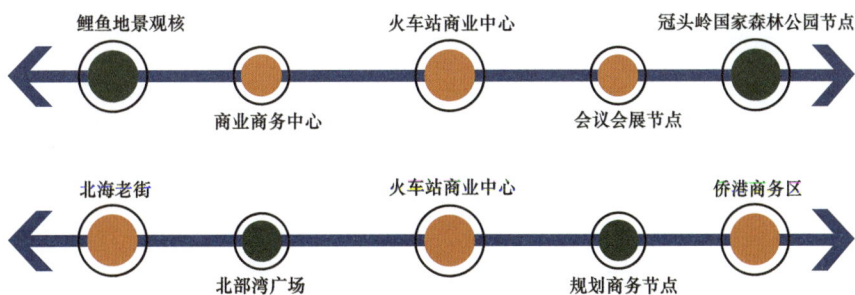

鲤鱼地景观核　　　火车站商业中心　　　冠头岭国家森林公园节点

商业商务中心　　　会议会展节点

北海老街　　　火车站商业中心　　　侨港商务区

北部湾广场　　　规划商务节点

图 6-26　空间格局示意图

　　"一带"是指滨海特色带。设计一个公共的，形态完整、功能完善的，以滨海生态为主题，体现北海城镇鲜明特色、展示北海文化精神和城镇生活方式的生态休闲带。提供参与、观看、亲近、体验等多种人文景观，制造建筑文化、湿地文化和城镇休闲文化等一系列"城镇文化事件"。将北海塑造成最具合力、最有价值、绵延的城镇与自然完美结合的特色地带。

　　"两轴"是指城镇景观轴、城镇发展轴。城镇景观轴：联系鲤鱼地湿地公园和冠头岭国家森林公园，沿西南大道打造城镇景观轴线，创造一系列商务办公标志性建筑，形成富有动感的城镇天际线和富有活力的城镇形象。城镇发展轴：沿四川路打造城镇发展轴线，汇聚北海老街、北部湾广场、火车站商业中心、侨港商务区等，共同构成北海最丰富繁华的城镇开放空间。

"三核"是指一个中心核和两个景观核。

国家森林公园景观核：将冠头岭国家森林公园打造成国际休闲度假中心，开发主题酒店、游艇俱乐部、水上大世界、水上高尔夫、运动休闲营地、休闲度假基地、SPA养生项目等，开创与国际化接轨的商务交际生活方式。

城镇中心核：将北海火车站打造成城镇商业中心，立足北海火车站商圈，着眼于整个北海商圈的零售商业批发进货环节，以商场的形式为主，以升级版专业批发、购物市场为实质经营内容，具有较强的城镇聚合力，建设现代标志性建筑，构筑城镇核心。

风景园地景观核：为满足北海市民休闲、娱乐、度假需求，提高市民生活质量，建设具有休闲旅游功能的鲤鱼地水库公园，充分体现以人为本的理念，提升北海城镇形象，推动北海旅游业的全面发展。

"多中心"包括历史文化中心、商务商业中心、休闲度假中心、行政办公中心、文化娱乐中心等。

历史文化中心：是一条有一百多年历史的老街，沿街全是中西合璧的骑楼式建筑，曾是北海最繁华的商业街区，店铺鳞次栉比。规划保留独具特色的老街商业区，进行适当的修缮改建，新建骑楼可用新材料、新设备，但必须遵循整个骑楼商业街的风格和传统，使新老建筑"手拉手"有机整合，经营门类与模式以展现北海历史为主。

商务商业中心：规划聚合商务商业、休闲娱乐等多种业态，建设现代标志性建筑群，整体具有较强的城镇聚合力，领导城镇发展潮流。

休闲度假中心：依托优美的自然风光和滨海观光旅游资源，以市场为导向，坚持大旅游理念，建设以休闲度假为主，兼具娱乐、科普教育、民俗活动等多功能、综合性的旅游度假精品地区。

行政办公中心：延续北海优秀历史，融合时代特征和地方特色，打造北海市行政办公中心，满足北海市未来发展的需要，建设现代中高层建筑，成为区域的地标。

文化娱乐中心：从总体布局到各功能区，立足于既照顾当地现实，也考虑其前瞻性，为文化娱乐中心未来发展奠定坚实的基础框架。遵从"以人为本"的原则，为人民群众提供环境优美、良好，设施完备，注重总体的统一协调，创造集亲切舒适、融时代与传统于一体的富有自然人文气息的活动空间。

2. 北海城镇景观格局

北海城镇轴线是城镇的"脊柱"。城镇发展轴可加强城镇不同功能片区之间的联系，建立崭新的空间秩序与空间格局；城镇景观轴将鲤鱼地风景园地景观和海上风光导入城镇主城区。

利用北海城镇主干道构成北海主城区空间结构的脉络与骨架依托，形成"井"字骨架。

北海城镇区内塑造多个节点，包括石步岭港、外沙岛、高德三街、南珠广场、北海火车站、北部湾广场、银滩壹号、侨港、商务中心、教育科研中心等（见图6-27）。

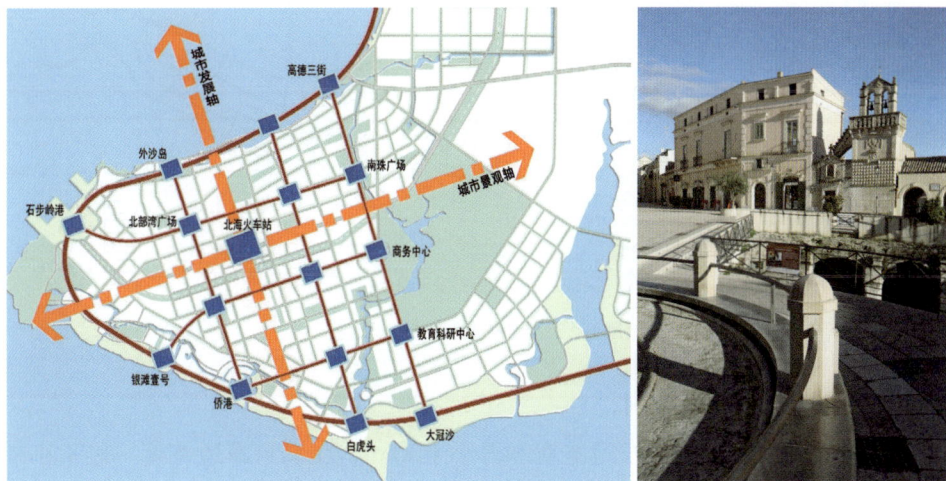

图 6-27　北海市景观结构图

3. 城镇车行道路系统设计

（1）车行道路系统控制：配合南宁—北海城际客运铁路专线建设的需要，改造现有北海客运站，扩建北广场，增加客运能力；在钦北铁路北海工业园区段内设立翁山货运站，规划扩能改造原有的石步岭港铁路专用线；西南大道规划建设为石步岭港的疏港道路，该路向北延伸连接北铁一级公路和南北高速公路；城镇道路网络形态以方格网为主，道路等级分为"快速路—干路—支路"三级，其中干路包括主干路和次干路，加强各组团间的联系；铁路与主次干路交叉时，采用分离式立体交叉。高速公路与城镇道路交叉、快速路与主干路交叉时，采用互通立体交叉。主次干路之间交叉时，采用渠化展宽平面（见图6-28）。

图 6-28　北海市道路系统规划图

（2）车行道路断面控制。

车道宽度：主次干路车道宽度不得小于3.5m，交叉口车道宽度一般不小于3.2m。支路车道宽度不小于3m，可根据具体条件调整，最小宽度不小于2.2m。

自行车道：主次干路宽度不小于2.5m，主要慢行系统道路自行车道宽度不小于5m。

路边停车：结合交通及周边地块情况，可考虑在支路设置临时停车，最小宽度不小于2m。

行道树：主干路采用连续式植栽槽形式种植行道树，次干路采用间断式植栽槽或树井植行道树。

车行道路断面控制示意图如图6-29所示。

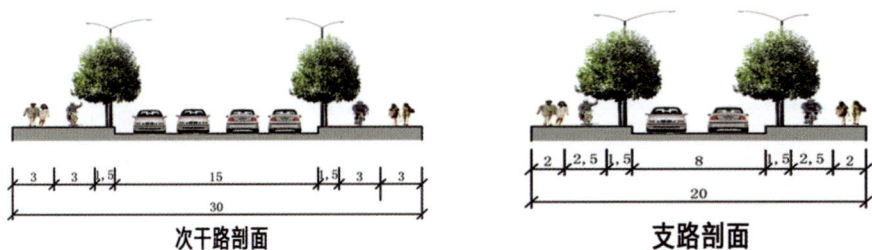

次干路剖面　　　　　　　　　　　支路剖面

图 6-29　北海市道路横断面示意图

4. 城镇慢行道路系统设计

北海拥有得天独厚的自然人文环境，是一座最为宜居、休闲的都市。北海慢行交通系统的规划与景区、商业核心区、河道绿带、特色街区等密切结合。同时与火车站、侨港、公交总站等交通枢纽有效衔接，形成方便、舒适、连续的慢行交通系统。

北海慢行系统按照"核、廊、区"的发展思路进行规划，重点打造老街步行区、银滩慢行系统区和四川路、北海大道、西南大道、金海岸大道等慢行交通廊道（见图6-30）。

图 6-30　北海滨海慢行系统图

（1）滨海慢行系统。优先发展城镇滨海步行通廊，严格限制其周边的开发建设，保证步行环境的整体性和连续性，最大限度地减少机动交通对步行的干扰（见图6-31）。

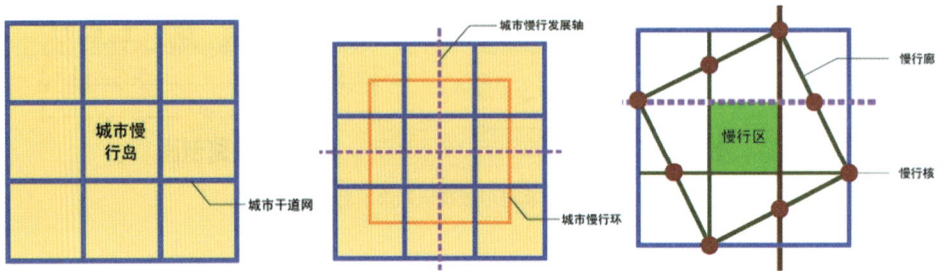

图 6-31　慢行系统规划思路图

北侧老街外滨海区域加强与大海的联系，滨海路可作缓坡，不仅防洪安全，而且可在缓坡上种植草皮树木，形成带状公园，同时增加亲水平台，每个平台充分体现地域性、本土性特色，要体现具体场地环境特色；人们可以更加便捷地欣赏海景之美（见图6-32）。

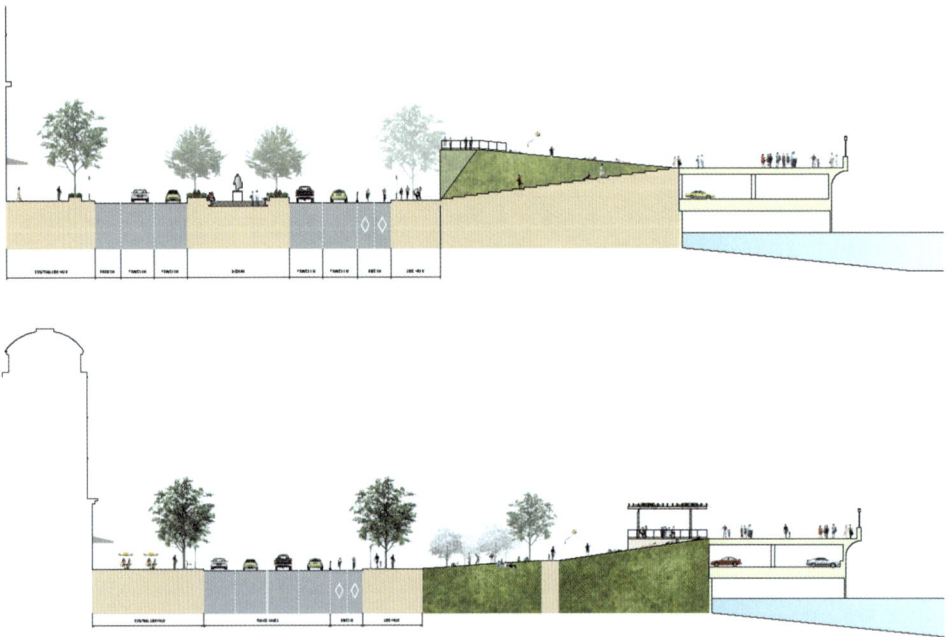

图 6-32　滨海慢行系统剖面图

增加垂直河岸的路网密度，鱼骨状道路网络体系，尽端能看见大海，设置集中停车场，局部设置对景——观景塔，游人可看到廉州湾全景风光，塔下是休闲中心，青年人可以在此健身喝咖啡，练习滚轴溜冰、滑板以及攀岩等极限运动。

（2）中心城区慢行系统。中心城区步行网络与轨道站点、公交车站联系紧密；采用立体步行区，强调结合轨道站点进行周边地区的整体地下空间开发；利用立体连廊联系主要的公共设施建筑，实现中心区的立体空间综合开发。

社区步行系统：依托车行交通形成网状步行系统；注重结合常规公交线路，步行进出口距公交站点的距离不宜大于100m；结合居住区休闲中心，形成完全步行区域，建立独立于道路系统外的休闲步行路径。通过提高慢行社区的硬件设施水平，优化内部停车设置，新建P+R停车场或立体停车楼，道路两侧路沿石10厘米高度改为斜坡式，方便人们路边停车，增加了停车位，利用停车场可设汽车露天影院，丰富人们的生活，同时采用透水材料，创建绿色停车场，提高慢行系统的质量水平（见图6-33）。

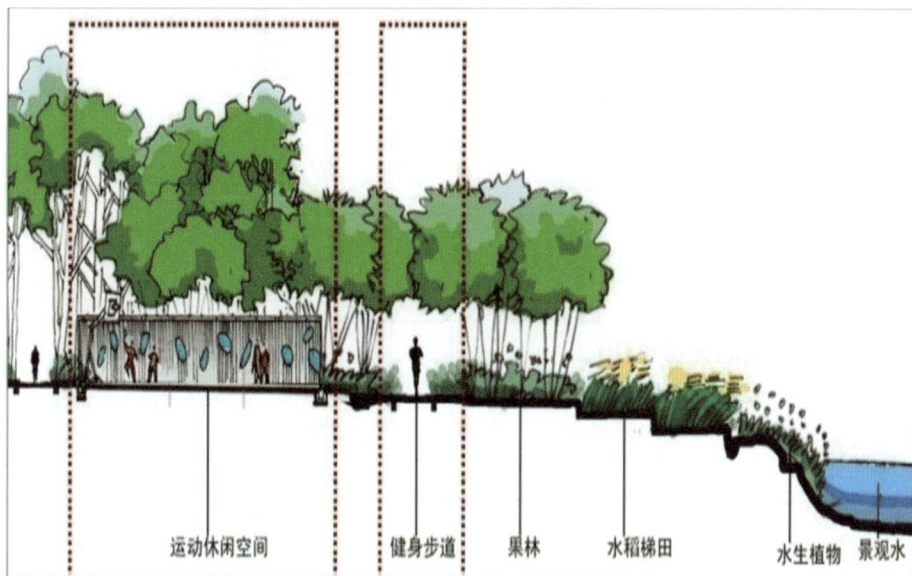

| 运动休闲空间 | 健身步道 | 果林 | 水稻梯田 | 水生植物 | 景观水 |

图 6-33　社区慢行系统规划图

商业区步行系统：商业街区不易过大，覆盖范围半径小于2km为宜；步行街出入口处设置非机动车停车场，附近设置机动车停车场或公共交通停靠站、出租车扬招点。商业街区通过骑楼和二层步行平台，将商业建筑连为整体，形成多层次立体化的步行公共空间——"全天候的步行公共系统"。通过对临街商业街道的仔细划分，分为步行区、休憩区、停车服务区、人行道等，各个区域之间有机联系但互不干扰，商业建筑临街有序地进退创造了富有变化的商业街界面（见图6-34）。

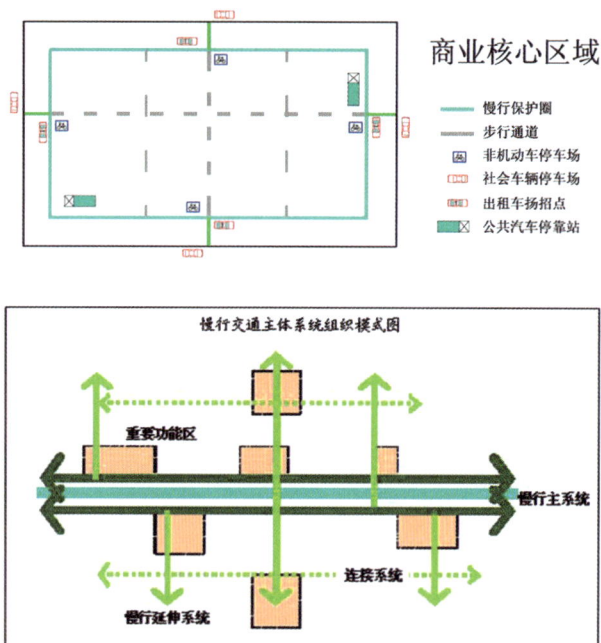

图 6-34　商业区域慢行交通组织模式图

5.城镇视觉通廊特色塑造

在控制现状已有景观廊道的基础上，根据规划路网及城镇用地布局，规划布置道路节点、门户节点、山体和标识建筑节点等视点，打通或恢复原有景观视廊，规划安排新的景观视廊，最终形成良好的视觉通廊景观格局。

山体周围和沿海岸线的建筑不得对山、海形成遮挡，所有高层建筑及山、海周围500m范围内的建筑设计必须进行视线景观分析；以观海为目标，将各视点的建筑高度控制进行叠加，按照最低的高度，确定视线控制范围内建筑高度分区，视线走廊内各建筑物、构筑物不得对视线造成遮挡；强化河道蓝线，道路红线、绿线，建筑后退红线等的规划控制，依托道路、河流等形成开阔的视线走廊；以标志性高层建筑为中心，10°高度角的圆形区域内，避免出现不良景观并规划一定面积的开放空间；尽端在海洋一侧，但不通海的断头路，应拆除与海洋之间的所有建筑，以打开观海通道；为保证视线的通透，除特殊原因，新城区内不许建设封闭性较强的社区，在旧城区内应拆除围墙，或代之以通透、开放的围栏；强调大海、主要河流一端的道路对景设计，增强城镇道路艺术景观；在冠头岭国际度假区、银滩景区、外沙岛、海景广场等区域，开展水上运动，塑造活力北海，丰富眺望系统视觉层次；加强对渔船的合理引导，塑造生活情趣，并丰富眺望大海的视觉层次；加强沟通山海、城海道路的景观步行功能，用人的活动加以串联，构筑相互间的流动风景线。

视廊通道如图6-35所示。

（1）冠头岭—国际会议中心—银滩。

（2）银滩—西村港—竹林组团服务中心。

（3）北部湾一号—商务中心—冯家江—银滩。

（4）侨港—火车站—北部湾—老街—外沙岛。

（5）商务中心—鲤鱼地—竹林组团服务中心。

（6）商务中心—冠头岭。

（7）冠头岭—地角—外沙岛—海景广场。

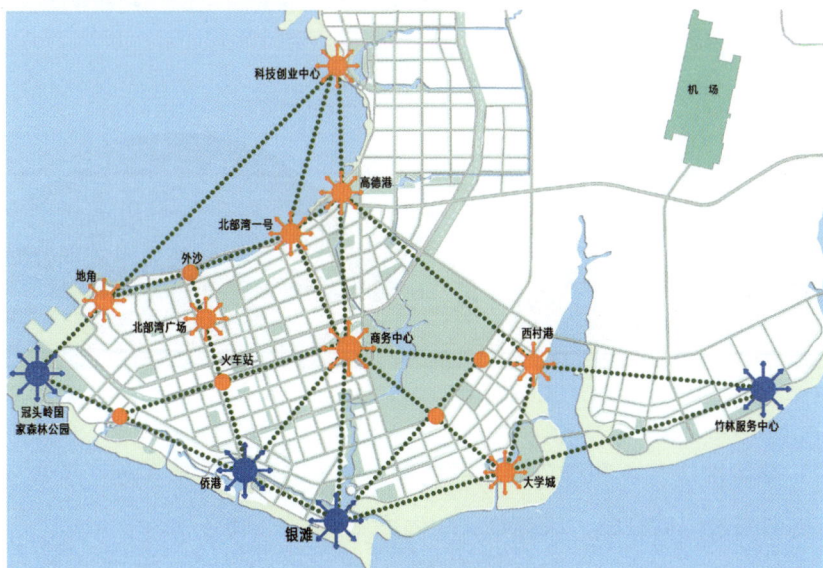

图6-35 北海城镇视觉通廊规划图

6. 城镇整体色彩特色塑造

(1) 影响城镇色彩的主要因素。

地域特色影响城镇色彩：北海山河交错，海城呼应，城镇色彩应该体现依山傍水的精神气质。

历史文化是城镇色彩的深层依据：北海有着丰厚的历史文化遗产，老街、高德三街、外沙岛等各具特色，形成独特的传统建筑色彩。

民族风情是城镇色彩的重要支撑：中原文化、岭南文化、中西文化相互融合，疍家棚、客家围屋、竹筒屋、骑楼等民族建筑各具魅力，展示出不同的民族风情，是北海一大特色。

建筑色彩是城镇色彩的构成主体：建筑色彩在城镇色彩中占有很大比例，是规划需要控制的重点内容（见图6-36）。

图 6-36　北海城镇色彩

(2) 整体围绕蓝色和绿色的城镇色彩。设置以白色、米灰色、浅黄色为主色调，同时搭配以砖红色、浅棕色、红褐色点缀（见图6-37）。

| 主色调—— | 白色 | 米灰色 | 浅黄色 | | 点缀色—— | 砖红色 | 浅棕色 | 红褐色 |

图 6-37　北海城镇色彩策略

从时间变化角度——在主色调基础上，针对不同季节，提取不同的自然要素色谱予以加入。

从空间布局的角度——主要按照城镇的功能片区划分色彩区域，并鼓励统一中富有变化（见图6-38）。

图 6-38　北海城镇色彩布局规划图

历史人文街区：以保护现状总体白色色调为主，对周边与色彩不协调的建筑按照区域的色彩进行外观改造。

商贸金融区、公共服务区：整体色调以白色、银灰色墙体，蓝色、绿色玻璃幕墙为主，整体风格统一中富有变化。

居住区：以白色、米黄色为主色调，以灰色为点缀色。给人以温馨、淡雅的感受，选取高明度低彩度的色彩。

科教区：体现现代感与先进性，以淡蓝色、白色、浅黄色等高明度低艳度的色彩为主。

滨海休闲度假区：建筑色彩以白色和米黄色为主色调，以蓝绿色、浅棕色、红褐色点缀。

7. 城镇夜景特色塑造

北海城镇夜景空间布局应该体现方向感、滨水性的特色。

巧妙利用水面倒影形成颇具特色的滨海城镇夜景。重点突出"六横六纵道路网、滨海景观带、五个门户、七个点"的夜景观（见图6-39）。

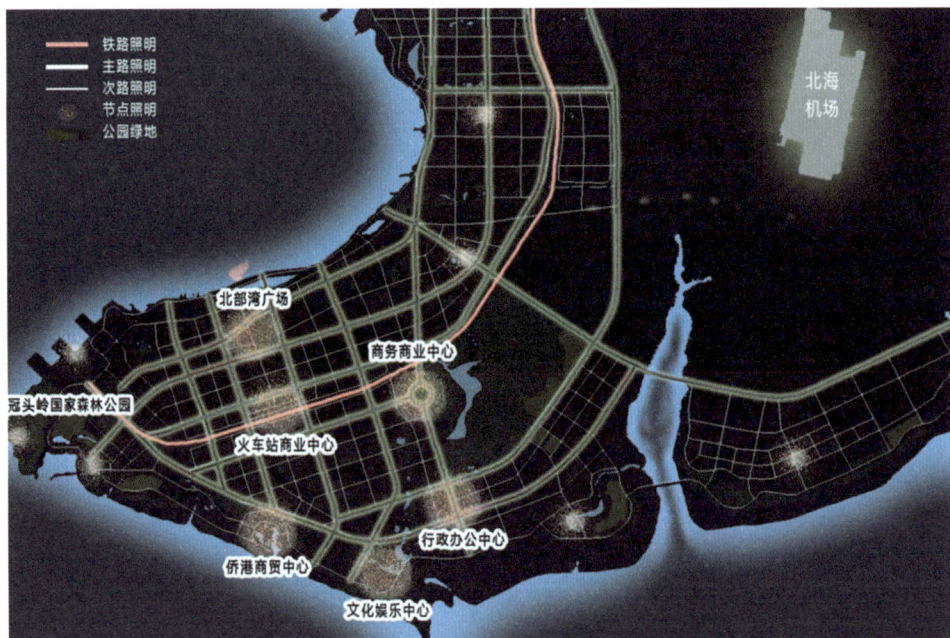

图 6-39　北海城镇夜景规划图

（四）北海城镇分区特色风貌

根据北海市城镇风貌评价对该城镇结构和不同功能进行分区，共分为12个分区：综合服务风貌区、滨海高端居住风貌区、历史人文风貌区、石步岭港口风貌区、滨海国际休闲度假风貌区、国际商务风貌区、生态湿地风貌区、教育风貌区、高端休闲度假风貌区、高端产业风貌区、铁山港风貌区、港岛风情度假风貌区（见图6-40）。

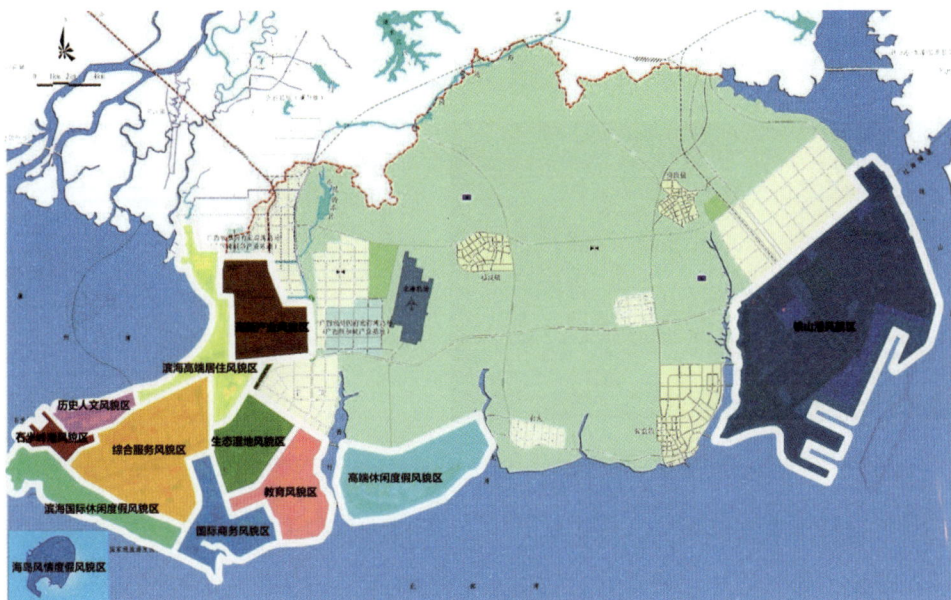

图 6-40 北海城镇风貌分区规划图

（1）综合服务风貌区。北海市生活服务中心，完善城镇公共服务设施、市政服务设施，改善城镇生活环境，突出休闲、宜居特征，展示北海生活特色（见图6-41）。

综合服务风貌区特色构想应结合周边商业、文化功能等城镇服务功能，对北部湾广场进行改造，加强过街设施的建设，形成北海现代商业中心。加强社区中心和社区公园建设，营造人文都市氛围。对居住区内道路进行控制，形成保障至少道路一侧有10m绿化空间，形成住区慢行空间。鼓励沿商业街、生活性道路建筑底层设置骑楼，并给予容积率和建筑高度补偿。加强高层建筑布局规划控制，保留与周边海域的视线通廊。

（2）滨海高端居住风貌区。区域整体规划设计应体现简洁、时尚、生态、历史人文等特征，实现北海市民观海、听海的居住愿望，打造服务于城镇居民的滨海高端居住区，形成北海"北住南游"的生活模式。

滨海高端居住风貌区位于主城区最北部，是北海门户窗口，加强七星江水库、龙头江水库生态保护和鲤鱼地至廉州湾的河道两侧环境绿化建设，改善城镇环境。引导海景大道的景观建设，控制好道路通海走廊，加强通向海边道路的规划建设，形成富有特色的路网格局。因此，将北部区域打造成城镇区域中心，凸显时尚、生态、宜居等城镇特征，使其成为延续北海海滨城镇魅力的核心之一（见图6-42）。

图 6-41　综合服务风貌区

图 6-42　滨海高端居住风貌区

（3）历史人文风貌区。以老街为中心，体现城镇原有空间肌理，继承城镇文化内涵。建筑形式应借鉴历史传统，塑造独具特色的城镇风貌展示界面（见图6-43）。

历史人文风貌区的特色构想要保护城镇空间格局，加强保护历史文化街区、文物保护单位、文物环境，同时保护与开发北海民俗生活、节庆活动等人文景观资源。建设滨海风光带，做好贵州路、云南路观海视廊的控制和建设，改善外沙岛现状环境，提高环境品质，建设东南亚各个国家主题餐厅、环岛步行道路、开敞空间等，打造北海休闲美食文化中心。

（4）石步岭港口风貌区。加快石步岭港区改造，打造万吨级游轮码头，同时塑造历史"海上丝绸之路起点"的景观带，成为市民重温历史，休闲娱乐的场所（见图6-44）。

图 6-43　历史人文风貌区

图 6-44　石步岭港口风貌区

石步岭港口风貌区的特色构想要保护与开发近代通商口岸的人文景观资源；维持石步岭港区的城镇肌理，突出海港特色，塑造现代港口区的新景观；加快工业园区的升级改造，形成横环境优美、功能完善的高新技术产业区。

（5）滨海国际休闲度假风貌区。充分利用海滩、阳光、山体等优势条件，采用国际国内最先进的规划理念和规划手法，高起点、远眼光、大手笔，将该片区打造成为中国一流的休闲度假养生胜地。区域内主要包括度假酒店、娱乐设施、会议中心和低密度、高绿化率的高端住宅，形成北海休闲度假核心区。

滨海国际休闲度假风貌区特色构想要严格控制冠头岭范围内建设规模，加强山体保护，高标准打造北海国际休闲度假核心区，建设层次分明、虚实有序的海滨城镇轮廓线。同时围绕侨港高标准建设旅游服务中心、购物中心、度假酒店、游船码头、休闲广场等设施，与区域内商住混合用地共同建设为"海上北海"的窗口（见图6-45）。

（6）国际商务风貌区。以行政办公为中心，重点发展商务办公、金融酒店、会展活动等服务产业，根据北海实际发展情况规划商住混合用地，增加区域活力（见图6-46）。

图 6-45　滨海国际休闲度假风貌区

图 6-46　国际商务风貌区

国际商务风貌区特色构想是中心区域形成"整体化、立体化"城镇空间，打造复合型二层步行系统，在中心组团创造立体化人车分流平台；建筑以高层或超高层为主，形成北海市的标志和视觉焦点，建筑形式应体现现代化和时代性，提高北海城镇形象，打造国际化的现代北海。

（7）生态湿地风貌区。北海生态湿地风貌区以城镇背景为依托，以湿地、河流、植被等自然生态景观为主要特色，建设成为山、水、城、森林、园林景观相融共生的特色风貌区。

风貌区以保护生态自然资源为主，结合城镇旅游产业发展，规划设计休闲观光、生态体验、科普教育等活动内容，打造北海特有的生态湿地游览系统。植物景观营造上应突出乡土树种运用宜采取自然式植物群落搭配，体现自然、生态特色，利用水生、湿生植物形成独特的滨海特色风貌（见图6-47）。

图 6-47　生态湿地风貌区

（8）教育风貌区。在生态湿地风貌区南侧，规划以教育产业为基础的教育风貌区，区域以多元化和开放性为主要特色，区内的图书馆、信息中心、各种学术讲堂、多功能报告厅等公共建筑为北海市民服务，发展教育科研、文化交流、高科技产业孵化中心等教育产业，并与城镇旅游度假产业良好结合。保护区域内沙滩、红树林等特色资源，对大冠沙景区范围内建筑形式进行严格控制，加强风貌区内环境的综合整治（见图6-48）。

图 6-48　教育风貌区

（9）高端休闲度假风貌区。以滨海休闲为特色，增加文化内涵，完善服务配套设施，使其更好地为旅游观光和休闲活动服务，逐渐成为承载城镇认知感、归属感、凝聚力，并体现城镇文化意识的高端休闲度假区。

严格控制区域内开发强度，塑造宜居的小镇空间，强调人与自然的和谐统一。高标准配套区域内医疗养生设施，创建国际知名的健康疗养社区。利用现状自然环境，创造多样的公共活动空间。为市民和休闲疗养者提供零距离接触自然的空间，感受现代田园的健康生活。建设区域慢行系统，创造一个更为友好、人文的休闲区（见图6-49）。

（10）高端产业风貌区。以高新技术产业、先进制造业、现代物流业为主导，环境优美、功能完善的城镇高端产业风貌区，重点高新技术、先进制造、现代物流等主导产业（见图6-50）。

图 6-49　高端休闲度假风貌区

图 6-50　高端产业风貌区

以高端产业风貌区建设带动城镇产业化，进而推进北海城镇化，形成高技术产业新区形象。严格保护区域内七一水库和龙头江水库的生态环境，周边适当发展公共体育、文化、休闲设施，为工人提供休闲场所，增强区域活力。加强工业区内道路交通、园林绿化建设，创造优美的园区环境。

（11）铁山港风貌区。通过高强度、集约化建设突出都市型产业特色形象，按中高密度进行控制。加强生态建设，引入自然景观，形成开放空间廊道，树立可持续发展典范。加强区域生态湿地岸线的保护；建设标志性建筑，提高铁山港区的整体形象（见图6-51）。

（12）港岛风情度假风貌区。利用涠洲岛特色旅游资源，将涠洲岛打造成为"特色鲜明、环境一流、海水清澈、鲜花盛开、设施完备、服务一流"的国内一流、国际知名的休闲度假海岛。重点突出生态特色、海岛特色，形成围绕以"爱"为主题的"爱"情天堂（见图6-52）。

图 6-51　铁山港风貌区

图 6-52　港岛风情度假风貌区

加强涠洲岛生活环境保护，加强岛内综合环境整治，发展与自然环境相和谐的旅游产业；严格控制岛内开发强度，塑造宜人的旅游休闲空间；加强涠洲岛与北海市的外部交通联系，改善岛内交通环境；加强对海岸线的保护与利用，做好山、海之间视觉景观走廊及主要道路观山、观海视廊的控制和建设，实现山、海、城的有机融合；保留并优化现有的小镇格局，构建原住民的原生态民俗社区，统一建筑风貌，培育"涠洲人家"客家生态海岛度假品牌；保护与开发岛上民俗生活动，增强涠洲岛活力。

第七章 城市新区特色与风貌塑造的实践
——以兰州新区为例

中小城镇特色与风貌塑造是以城镇现状形态特征为基础，打造具有典型意义的个性化城镇审美特征。规划师和建筑师在城镇风貌塑造中应找出城镇所独有的个性化和具有典型文化意义的城镇风貌特质，加以保育、加强、放大和提升，凸显其城镇特色与风貌。现代城镇的发展包括旧城改造和新区建设两个部分，因此如何将城镇特色和城镇风貌融入城镇新区的开发建设中就显得尤为重要。

一、兰州新区特色与风貌塑造的背景及总体框架

本次规划实践是在对兰州新区生态特点、地方文化和城镇功能定位深入研究分析的基础上，对新区空间特色、生态构架、视线通廊、城镇开敞空间、城镇天际线，建筑高度、城镇色彩、风格及夜景观等提出建设控制要求。从自然景观、历史景观、人工景观三个方面把握城镇特色风貌，结合相关规划研究形成宏观、中观、微观三个层次完整的规划体系。

（一）兰州新区概况

兰州新区是甘肃省下辖的国家级新区，是国务院确定建设的西北地区重要的经济增长极、国家重要的产业基地、向西开放的重要战略平台、承接产业转移示范区。

2010年12月，甘肃省设立兰州新区。2012年8月，国务院批复为国家级新区，这是继上海浦东新区、天津滨海新区、重庆两江新区、浙江舟山群岛新区后的第五个国家级新区，也是西北地区第一个国家级新区。

作为国家西部重要增长极的兰州新区具有十分重要的战略地位，承载着国家重要产业基地的职能。兰州新区是对外开放的战略平台，同时也是承接产业转移的重要示范区，在西北区域经济合作中具有十分重要的地位。

此外，兰州新区在区域合作上也承载着重要的职能。

兰西银经济区：国家"十二五"规划提出，兰（州）西（宁）银（川）地区为城镇化重点地区，兰州、西宁、银川是甘肃、青海、宁夏的省会城镇，兰白都市经济圈、西宁都市经济圈、银川都市经济圈及发展轴构成的兰州—西宁—银川经济区地理位置优越、交通网四通八达、经济基础雄厚、科技文化发达，具有构建兰州—西宁—银川经济区的良好基础。兰州新区位于兰西银地区的中心区位，战略区位优势明显，将成为西北地区发展引擎。

兰白经济区：2010年5月《国务院办公厅关于进一步支持甘肃经济社会发展的若干意见》提出大力支持兰（州）白（银）核心经济区率先发展。建设兰（州）白（银）都市经济圈，积极推进兰州新区、白银工业集中区发展，把兰白经济区建设成为西陇海兰新经济带重要支点，西北交通枢纽和物流中心，在全省乃至西北地区发挥"率先、带动、辐射、示范"的中心作用。《兰州市城镇总体规划（2011—2020）》（住建部纲要评审稿）（以下简称《总体规划》）确定了"一主两副"的兰白核心区的发展架构。因此兰州新区作为这一区域的重点发展地区，将是推动兰白地区快速发展的重要经济增长极。

兰州新区可持续发展战略：《总体规划》将新区划分为两带一轴。东部产业发展带：依托石油储备库建设石化产业片区，充分利用新区东部土地资源丰富、限制性因素少等优势，集中布局新材料产业片区、生物医药产业片区和装备制造产业片区。西部产业发展带：临空加工制造与物流产业片区、综合产业片区。一轴：以水系为轴，打造行政文化中心、旅游休闲中心、商务金融中心和科技研发中心，形成综合服务片区和高新技术产业研发片区。兰州政府一开始就把新区开发建设和生态环境保护放在同等重要的位置来进行，绝不以牺牲生态环境为代价换取项目和发展速度。

在对兰州新区生态特点、地方文化和城市功能定位深入研究分析的基础上，对新区空间特色、生态构架，视线通廊，城市开敞空间，城市天际线，建筑高度、城市色彩、风格及夜景观等提出建设控制要求。从自然景观、历史景观、人工景观三个方面把握城市特色风貌特点，结合相关规划研究形成宏观、中观、微观三个层次完整的规划体系。

（二）兰州新区特色与风貌塑造总体框架

兰州新区特色与风貌塑造总体框架如图7-1所示。

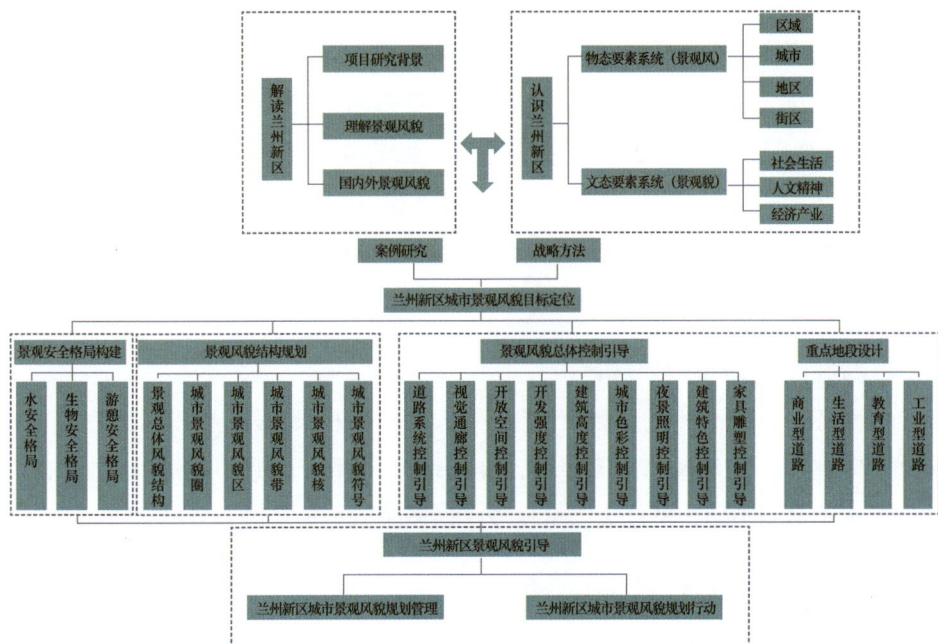

图 7-1 兰州新区特色与风貌塑造总体框架

二、兰州新区特色与风貌现状分析

兰州新区的特色风貌包含了物质形态和文化形态两个部分。兰州新区现状特色景观主要为生态农业景观和周边山体景观，特色与风貌类型单一，且山体景观形态差、植被少。新区内部有较多水渠，但部分废弃，缺乏梳理。通过对兰州新区功能性特色结构与自然环境特色系统的梳理，建构人工和自然有机结合的城镇特色系统，保护提升新区特色风貌，创造特色鲜明、体验丰富、整体和谐的城镇特色与风貌环境。将兰州的历史文化融入城镇特色风貌的塑造中去，营造内外兼优的城镇历史人文特色风貌。

（一）新区现状条件及空间布局分析

区域环境和自然地理环境是城镇的环境基底，影响着城镇用地布局，从而决定了城镇的空间布局，因此在塑造兰州新区风貌和特色时，要首先对兰州新区的现状环境和空间布局进行分析，从而提出现状特色与风貌的主要问题。

1. 区域环境条件分析

兰州新区位于秦王川盆地，是兰州、白银两市的接合部，地处兰州、西宁、银川3个省会城镇共生带的中间位置，也是甘肃对外开放的重要窗口和门户。南北长约49km，东西宽约23km，距兰州市38.5km，距白银市79km，距西宁市195km，距西安560km，经景泰到银川约470km，经河西走廊直通新疆，距乌鲁木齐1805km，是丝绸之路经济带和欧亚"大陆桥"的重要连接点。

2. 新区自然地理环境分析

四面环山，南高北低；城区地势平坦，适宜城镇建设。兰州新区分为适建区和禁限建区。适建区为高原平地，坡度较小，适合大规模城镇建设的区域。而禁限建区多为山地，坡度大，可建设区域易采取台地式的开发模式。

3. 新区用地现状及空间布局分析

兰州新区的土地利用以农田和林地为主。城镇建设用地以机场用地和工业用地为主，现状城镇开发刚刚起步。在空间布局中，基本农田主要分布在北部，南部主要以地形复杂的山地为主，规划区内基地高差较大，环境较差，需要通过设计来维护生态平衡。

4. 主要问题

兰州新区特色与风貌的缺失，具体表现为以下几个方面：

（1）现状部分已经建设的地块，与新区总体规划不符。由于不同开发商的建筑风格，建筑形式有着很大差异，造成了"千城一律"的城镇风貌，缺乏城镇认知性与场地感，无法通过视觉直接判断所处的城镇。建筑布局没有以人为本作为基础进行控制，建筑之间缺乏联系，建筑与环境之间缺乏对话。

（2）以经济发展为目的的城镇建设，导致城镇缺乏历史文化的传承和发扬，城镇精神正在逐渐消失。

（3）新区周围山体环绕，但是山体的土质较为松软，易发生山体滑坡、泥石流等自然灾害，在规划过程中应该设置进行防灾防洪设施措施。

（4）兰州气候干旱少雨，降水量年际变化大，受城镇化进程影响，一年中降水主要集中在4~9月。兰州新区比老城气温低，新区增温比较慢，四周环山，中心地势较为平坦，新区山谷风明显，对污染物的扩散极为不利。城镇空间分布较分散且面积较小，周围植被面积大，因而没有明显的热岛效应。

（5）新区内部水系紊乱，缺乏良好的规划，不成体系，部分沟渠已经干涸，仅有的绿化空间要承载着兰州市民的日常休闲游憩活动，城镇开敞空间不成系统，数量不足，呈现供不应求的发展态势。

（6）城镇建设缺乏统筹考虑，部分已建的建筑高度缺乏控制，过高的建筑超过了兰州新区的机场净空限制，影响了整体城镇天际轮廓线，对城镇视觉廊道的塑造形成了较大的阻碍。

（7）缺乏细节方面的城市特色风貌的展示，城镇小品、雕塑等资源匮乏，座椅、垃圾箱、指示牌等城镇家具陈旧杂乱、造型简单，不能很好地展示兰州新区城镇特色风貌。

（二）新区山水格局及自然资源分析

兰州新区的山水格局和自然资源要素是城镇特色与风貌的构成要素，分析现状山体视线和水系网络可以提炼出兰州新区的视觉景观特色与风貌。

（1）山水格局。四周山地，中央平地，带状沟谷的典型高原城镇格局。城镇以农田为基底，山岳为背景，河流为纽带，整个区域山环水抱（见图7-2）。

图7-2 兰州新区现状

（2）自然资源要素。山——典型的黄土丘陵地貌类型，土质为黄绵土，植被生长差。兰州新区位于陇西黄土高原的西北部，是青藏高原、蒙古高原和黄土高原的交会地，也是祁连山脉东延之余脉插入陇西盆地的交错地带。整个区域地域宽阔，地势由西北向东南倾斜，东西两面是低矮的黄土山丘，南北长60km，东西最宽处21km，平均海拔1910m。

水——山地谷地部分，雨洪通道，绿意盎然。以兰州为中心半径200km建立黄河上游水土保持保持示范区。兰州新区水系主要为引大工程各干渠和水库，主要分布在新区境内的北部地区。其中主要水渠有十余条，包括引大东一干渠、引大东二干渠、东一干渠九至十一支渠、东二干渠九至十四干渠、甘分干渠等。水库 3 座，包括石门沟水库、尖山庙水库和山字墩水库。新区水系在南部低洼处汇聚形成一处湿地。

城——未来的兰州新区城市建设区。建筑景观的民族特色、地域特色，历史文化景观与民族文化景观特色，城镇环境小品格调特色。独特的乡土建筑和聚落景观，人文景观特色突出。

田——生态农业的重要片区，应实现对生态结构的保护。兰州新区的基本农田主要集中分布在引大一干渠以北的地区，绿色泛黄的农田，象征着新区与时俱进的城镇曙光。

（3）现状山体视线及水系网络分析。根据地形地貌特征，保留周边山体，以道路或景观绿化空间为依托，规划区内以湖泊为城镇景观节点，聚焦视线通廊，远看城镇优美的景色，可达到最佳景观，主要水源地为尖山庙水库、山子墩水库和石门沟水库，城镇内部分水网呈枝状分布。

（三）新区历史文化资源分析

兰州新区的民族文化、饮食文化、彩陶文化、黄河文化、丝路文化、科教文化及旅游文化共同构成了兰州新区的历史文化体系，是提取新区精神特色风貌的重要切入点。

（1）民族文化。兰州是一个多民族融合、集聚的城镇。全市有汉族、回族、蒙古族、壮族、苗族、瑶族、土家族、朝鲜族、藏族、彝族、裕固族、侗族、布依族、土族、满族、哈尼族等36个民族，少数民族人口占总人口的8.6%，其中回族占有很大的比例。多民族聚集使得兰州的社会生活丰富而多姿，既有民族性很强的风俗与节庆，特色的饮食文化，带有独特民族特点的民族建筑，如伊斯兰教的清真寺，又有体现当代生活特色的公共活动、街道生活等（见图7-3）。

图 7-3 兰州文化资源

（2）饮食文化。兰州牛肉拉面作为兰州市著名的小吃及特色的面食，距今已有160多年的历史，并在全国都享誉盛名。在2000年以及2003年，甘肃省质量技术监督局分别发布了《兰州牛肉拉面》与《兰州牛肉拉面馆（店）分等定级》的地方标准，后又对符合这些标准的面馆，授权使用统一的"兰州牛肉拉面"标志，以力求达到"正宗"。如今，中国烹饪协会已正式授予兰州"中国牛肉拉面之乡"的称号。

（3）彩陶文化。彩陶文化在甘肃历史悠久，源远流长。大地湾文化、马家窑文化、齐家文化、四坝文化、辛店文化、沙井文化等绵延发展了5000多年，构成了一部辉煌灿烂的彩陶发展史。兰州地区是彩陶文化集中分布区，素有"彩陶之乡"的美誉，彩陶文化也是兰州史前文明的代名词。而陶器的产生使得人们的生活逐步稳定，定居生活也从此开始。陶器是史前时期人类的重大发明之一，陶器虽然容易残破，但在埋藏中不会腐烂，它便成了史前人类活动的重要见证之一。

兰州的彩陶在经历了早期的大地湾文化、中期的仰韶文化之后，便进入了鼎盛阶段的马家窑文化。距今4700～5000年的马家窑文化，因发现于甘肃省临洮县洮河西岸的马家窑村而得名，其主要分布在甘肃中南部、青海东北部及宁夏南部地区。这一时期的陶器以橙黄色彩陶为主，器形丰富，纹饰精美，内彩发达。器形以盆、钵、碗等饮食器具为主，而且储藏用的瓮、罐、瓶逐渐增多，还出现了最早的打击乐器——彩陶鼓。彩陶鼓器形线条流畅，比例均匀，突出实用性。

（4）黄河文化。黄河是中华民族的母亲河，是全国文明的发源地，兰州是黄河唯一穿城而过的省会城镇。兰州东西长、南北窄，城镇呈带状格局，南北两山夹着黄河，城镇依河坐落在南北两岸，城依山、山傍水、水穿城。21世纪伊始，兰州市以黄河两岸的滨河路为主干建成了40km黄河风情线，它像一条五彩斑斓的翡翠长链镶嵌全城，使城镇的品位和魅力倍增。目前，风情线上诸多的景点成了兰州人闲暇时最经常、最理想的去处，如水车园中巨大的黄河水车、"天下第一桥"兰州中山铁桥、白塔山公园等。

（5）丝路文化。兰州是古丝绸之路上的重镇。早在5000年前，人类就在这里繁衍生息。西汉设立县治，取"金城汤池"之意而称金城。隋初改置兰州总管府，始称兰州。自汉至唐、宋时期，随着丝绸之路的开通，出现了丝绸西去、天马东来的盛况，兰州逐渐成为丝绸之路重要的交通要道和商埠重镇，联系西域少数民族的重要都会和纽带，在沟通和促进中西经济文化交流中发挥了重要作用。古丝绸之路也在这里留下了众多名胜古迹和灿烂文化，吸引了大批中外游客前来观光旅游，当代作家陈运和笔下文写"遥远往事，征西的汉将，奔东的番商，甚至取经的唐僧，无不坐牛皮浑脱由此渡河而去"。使兰州成为横跨2000km，连接敦煌莫高窟、天水麦积山、张掖大佛寺、永靖炳灵寺、夏河拉卜楞寺等著名景点的丝绸之路大旅游区的中心。

随着新欧亚大陆桥的开通特别是西部大开发战略的实施，重新构筑起现代丝绸之路，兰州作为我国东西合作交流和通往中亚、西亚、中东、欧洲的重要通道，战略地位更加突出，正发挥着承东启西、联南济北的重要作用。

（6）科教文化。兰州是著名的科教文化城。全市拥有以中国科学院兰州分院为代表的科研开发机构近700家，以重离子加速器为代表的国家重点实验室10个，以兰州大学为代表的高等院校18所，各类专业技术人员近30万人，人才密度和综合科技实力居全国大中城镇前列。

（7）旅游文化。兰州是古"丝绸之路"重镇，历史和大自然为兰州留下了许多名胜古迹，并曾入选全国十佳避暑旅游城镇，全市拥有省级文物保护单位6处，文物点50多处，古遗址50处，古城12处，古建筑15余处。国家级森林公园有徐家山、吐鲁沟、石佛沟；市区有五泉山、白塔山、白云观等名胜古迹，还有兰山公园、西湖公园、滨河公园、水上公园等风格各异的景点。兰州是驰名中外的瓜果名城，夏秋季节更是具有避暑和品瓜果的旅游特色。

（四）新区社会活动资源分析

城镇作为人的生存场所，是人们各种社会活动的发生地。分析兰州新区的社会活动，有利于掌握当地居民的生活习惯，从而使规划更具地域特色。

（1）社会生活和空间场所。兰州东西长、南北窄，城镇呈带状格局，南北两山夹着黄河，城镇依河坐落在南北两岸，城依山、山傍水、水穿城。城镇依托于黄河形成了很多的自然公园和休闲广场，如黄河水车、"天下第一桥"兰州中山铁桥、白塔山公园等，是人们体验黄河母亲文化和兰州人文情怀的最佳去处。

兰州还是个多民族混合的城镇，全市大约有36个民族居住，其中尤其以回族居多。回族的文娱行为方式主要围绕着清真寺展开。清真寺是他们的宗教活动中心、文化中心、处理民事的中心和联系交往的中心。

（2）节事活动。兰州是古丝绸之路上的重镇，而且是全国唯一的黄河贯穿的城镇。在这里举行过作为第三届"敦煌行，丝绸之路国际旅游节"重要活动之一的"中国·兰州黄河文化旅游节"的活动。

"中国·兰州黄河文化旅游节"作为第三届"敦煌行，丝绸之路国际旅游节"兰州市主办的子节会，主题是"传承甘肃华夏文明创新展示兰州旅游"。本次节会是在国务院先后批准兰州新区为国家级新区和批复甘肃建设华夏文明传承创新区，甘肃省一举获得两个国家层面战略平台的背景下，首次举办的一届范围广、规模大、影响深的旅游盛会，旨在把"中国·兰州黄河文化旅游节"培育成具有地方特色和广泛影响力的品牌旅游节会，从而全面提升"中国西北游出发在兰州"的整体旅游形象，提升城镇知名度和美誉度，促进兰州经济社会发展在更高平台上实现新跨越。期间围绕本次节会，兰州市隆重推出了8大主题活动，并全面启动和展开。

（3）生活特色。甘肃省著名的兰州太平鼓自古便有"天下第一鼓"的美誉。兰州太平鼓舞具有庆贺新年与太平的含义，是兰州地区的广大人民最为喜爱的传统民间表演形式之一。太平鼓作为人类最早发明的乐器之一，有着非常悠久的历史，充满了浓郁的西北民族艺术魅力。

甘肃省有着"戏剧大省"的美誉。兰州市歌舞剧院的艺术家们精心打造了一系列展现西北独特的风土人情的优秀的大型舞剧，如《西出阳关》《大梦敦煌》等，以及《兰州老街》《兰州人家》等广为当地观众喜欢的方言话剧（见图7-4）。

图 7-4　兰州新区生活特色

（五）新区人文精神要素分析

文化是城镇延续的纽带，一个城镇就是一部镌刻在石头上的史册，记载了城镇的过去，叙述着现在，预言着未来。

（1）人文特色提取。新石器时代，秦王川便有人类的足迹，起先以羌族部落以狩猎的方式生活在这片大地之上。之后羌族爱剑向族人传授农耕技术，羌族部落因"农垦"而定居。原始手工业发展时期遗留下来的彩陶文化，是当地的代表文化之一，距今已有8000年的历史。 在汉武帝时期，建造的"河西走廊"秦王川"入口要塞"开辟了古代"丝绸之路"促进了民族融合，而元代时期部分回族居民迁居秦王川则加深了回族文化对兰州的影响，至隋朝派兵"戍边"大量汉族人口迁入秦王川，民族融合之势空前发展（见图7-5）。

图 7-5　兰州新区人文特色

（2）人文要素支撑。彩陶文化、黄河文化、丝路文化、民族文化的历史传说、节庆活动等均有待进一步挖掘，作为兰州新区的文化支撑。

（六）新区产业资源要素分析

新区产业依托兰州市优势产业，新区在能源装备产业、装备制造产业和高新技术产业发展方面具有相当优势，产城互动，成为新区发展的主要动力。

（1）产业现状。新区所在的秦王川盆地农业经济发达，是甘肃省的商品粮基地之一。区内农作物主要有小麦、蚕豆、啤酒花、大麦、洋芋、糜谷、玉米、青稞等；经济作物有油料、瓜果、玫瑰等。盆地中部建设有占地约2.7km^{2}的省级秦王川农业高科技产业开发示范基地，以及元山村千亩露地蔬菜基地、兔墩村千亩设施农业示范点，千亩经济林建设现场、倚能千亩休闲观光生态园、千亩优质马铃薯种植基地等5个千亩示范点。永登是我国最大的玫瑰种植基地之一，其种植的苦水玫瑰不仅花繁汁多、清香纯正，而且产油量高，品质好。目前，新区玫瑰的种植面积已经达到了1200km^2，占经济林总面积的50%以上。

着力推进产业结构调整。积极承接产业转移，坚持高标准，严禁污染产业和落后生产能力转入，着力推进产业结构调整，构建现代产业体系，重点打造先进装备制造、石油化工、生物医药、现代服务业等产业集群，深入推进循环经济示范，促进资源节约集约利用，推进形成新区和老城区功能互补、错位发展的城镇发展新格局，大力提升自我发展能力。

新区工业发展处于起步阶段。区内规模以上工业仅有4家，主要工业园区为兰州高新技术开发区空港循环经济产业园，该园区是兰州市政府依托兰州中川国际机场建设的一个高新技术产业园。目前入驻园区的企业有吉利汽车、兰州分离科学研究所生物化学产业园等。

目前第三产业集中于空港周边地区，整体发展水平有待提高。

（2）产业发展目标。如今，兰州新区的产业发展目标是加强先进制造业与现代服务业的融合发展，打造石油化工、装备制造、生物医药、新材料、现代物流、电子信息和现代农业等七大产业，深入推进循环经济示范。

2015年，新区城镇框架及相关配套服务体系基本建成，初步探索形成以城带乡和欠发达地区实现跨越式发展的新模式；2020年，基本建成特色鲜明、功能齐全、产业集聚、服务配套、人居环境良好的现代化产业新区（见图7-6）。

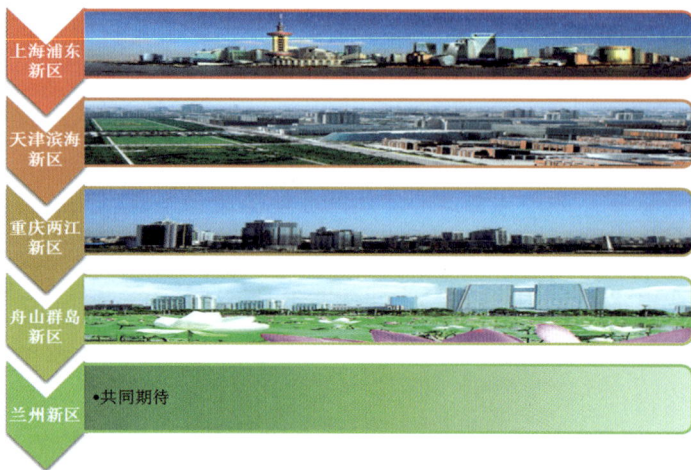

图 7-6　兰州新区产业愿景

（七）新区与老城关联分析

兰州在由兰州老城—兰州新区—白银市区金三角核心区的区域合作下，得到了快速发展，共同构筑"一主两副五带"的空间格局。即以兰州市区为区域主中心，以兰州新区和白银市区为区域副中心，共同带动区域发展；协调产业发展，分工协作，优势互补，错位发展，共同提高兰白地区的整体经济实力；协调基础设施建设，构建新区与兰州市区、白银市区之间包括高速公路、公路、铁路等多种运输方式的综合交通网络，逐步实现区域交通运输一体化；协调社会事业发展，加强教育、医疗、卫生等方面的交流与合作，积极推进社会与公共事业一体化发展。

1. 空间结构关联

规划形成"双城五带多点"的城镇体系空间结构。双城，即主城兰州中心城区和副城兰州新区。五带，即依托交通廊道形成五条主要城镇发展带。多点，即五条城镇发展带上形成多个重点城镇带动周边地区发展。

2. 新区与老城的共同点与不同点

（1）共同点：兰州老城与新区地处黄土高原，气候干燥，常年少雨，土壤稀疏，植被种类稀少，绿地系统空间匮乏，不成系统，地块性质单一，公共服务设施服务半径过大，公共设施与开放空间系统缺乏联系等。

（2）不同点：老城农业——兰州老城农业基本位于城区周边，低档品种多，高档品种少，季节性品种多，适宜加工，耐储存品种少。新区农业——兰州新区将大量的用地让给了工业与居住，农业面积减小。

老城建筑——兰州老城多以高层以及超高层住宅或商业办公建筑为主。人口密度大，车辆数量多，中心城区沿黄河两岸成带形发展，典型的线形城镇。土地稀缺，导致人们居住只能纵向发展，绿化环境稀少，整个城镇消防避灾场所基本为零。新区建筑——兰州新区建筑高低不一，天际轮廓线丰富。新区地广人少，正处于新城起步阶段，建设成密度低、环境优美的生态城镇，塑造绿色宜人宜居的绿色生活之地，建设不同层次的建筑高度，同时受机场净空的影响，局部根据相关规划的最高限高进行高度设计。

（八）新区其他现状要素分析

1. 现状交通分析

兰州新区具备区域优势，交通便利。与机场高速公路和S102省道相连，同时连接兰州市区、新区轻轨，共同形成兰州新区的骨架公路交通网络，部分城镇道路宽敞，中央绿化带不仅带来生态功能，而且起到美化环境的作用，但道路两侧景观绿化带过宽，土地资源利用率不高，更加不便于人们的通行。缺少静态停车设施，部分道路机动车道干扰人的步行连续性，绿化单一，植物单调，绿带不连续，城镇道路景观有待塑造。

2. 现状建筑风貌分析

兰州新区建筑主要为中川机场航站楼与村落，机场航站楼有两层，采用玻璃幕墙，采光通风较好，但对于兰州干旱少雨天气不太适合。村落建筑为方形院落，由2～3座单坡屋顶平房加围墙围合而成，整体造型极具西北简约大气的建筑风格。沿街建筑多以2～3层为主，建筑质量一般，颜色暗淡，门面颜色杂乱无章。部分已建高层住宅建筑风格不统一，颜色杂乱，尺度与体量不协调等，造成了"千城一律"的城镇特色风貌。

3. 现状小品与标识系统分析

兰州新区城镇小品环境装置较差，环卫设施简单，机场广场小品形式单一，创意性与趣味性不高，广告牌杂乱无章，颜色与周边环境不协调，不利于城镇整体景观的提升。

4.城镇天际线轮廓分析

兰州是中国七大高原城镇之一，新区位于兰州北部秦王川盆地，四面环山，引大入秦水利工程横穿新区，造就了独特的城镇轮廓。新区具备独特的纵向与横向山体背景特征，在城镇建设的过程中，应予以充分利用，以形成丰富的、独具一格的城镇天际轮廓。

三、兰州新区特色与风貌塑造总体策略

在城镇定位和城镇特色风貌定位的指导下，利用城镇主题文化来构建城镇特色风貌系统工程。因为城镇主题文化是对一个城镇最核心特质资源的应用和开发，是一种以城镇特质资源为客观生产对象，以最大化利用城镇特质资源、最优化体现城镇特色、最明确体现城镇主题品牌为目标的城镇发展理念和结构形态（见图7-7）。所以以城镇主题文化为统领、以城镇主题精神建设为先导、以城镇主题经济为依托、以主题建筑为特征、以城镇主题品牌为支撑，来制定城镇特色风貌发展策略：创产业腾飞、促文化融合、秀山水美景，做魅力新区。

图 7-7 兰州总体策略

（一）产业发展与城市特色

产业是城镇发展的基础，城镇是产业发展的载体，城镇与产业相伴而生、共同发展。综合城镇建设、城镇人居环境等方面因素，统筹城镇产业发展，提升城镇经济活力（见图7-8）。引导城镇产业向着合理的方向发展，围绕低碳经济、生态经济、绿色经济的主题，加大改革开放，加强兰州新区产业的功能集聚，促进石油、化工、高科技产业以及物流等集群发展，利用高科技产业园、软件园和大学城等技术资源，推进城镇产业创新，实现对闲置地与部分工业用地的空间置换与重组，形成特色鲜明、功能齐全、产业集聚、服务配套、人居环境良好的现代化产业新区，最终打造成为秦王川电子信息产业硅谷、全国石油化工产业基地、国家高效生态经济示范基地。

图 7-8　兰州产业风貌

兰州城镇产业以"资源节约、环境友好、节约创新"为发展目标，集约提升型产业促进产业升级，集约联动型产业实现跨境融合，节约创新型产业节约城镇资源（见图7-9），整合兰州各项资源，实现企业内部、产业内部、产业与产业之间多层次循环、节约、创新式发展，实现兰州城镇产业联动创新。

潜力产业	产业升级途径	升级目标
现代农业	三产联动，开发都市农业和休闲产业	现代农业生态旅游基地
装备制造业	引进高端企业，延伸产业链条	先进装备制造业基地
石油化工产业	技术改造，提升资源利用率，完善产业链	石油化工产业基地
电子信息产业	产业升级深化，不断提高附加值	秦王川硅谷
新材料产业	与国内外研究机构合作，产学研一体化	新材料产业基地
现代物流产业	引进综合物流服务商和货运代理公司	商贸物流中转基地
生物医药产业	引进生物谷建设	生物医药产业基地
教育科研产业	引入国内外著名医疗和教育培训机构	教育科研总部基地

图 7-9　兰州产业目标

城镇支柱产业选择要依据兰州新区的城镇特色风貌定位，结合现状发展情况，根据新区产业优先度、带动作用和经济规模分成以下三类：战略先导产业包括现代农业、文化产业等，促进城镇形象塑造，加速城镇形象推广；核心型产业包括石油化工、机械制造、新材料、电子信息等，作为落实区域经济增值的关键产业；支撑型产业包括教育科研、生物医药和现代物流等产业，提升城镇生活品质和营商环境，进而提升城镇幸福感和吸引力（见图7-10）。

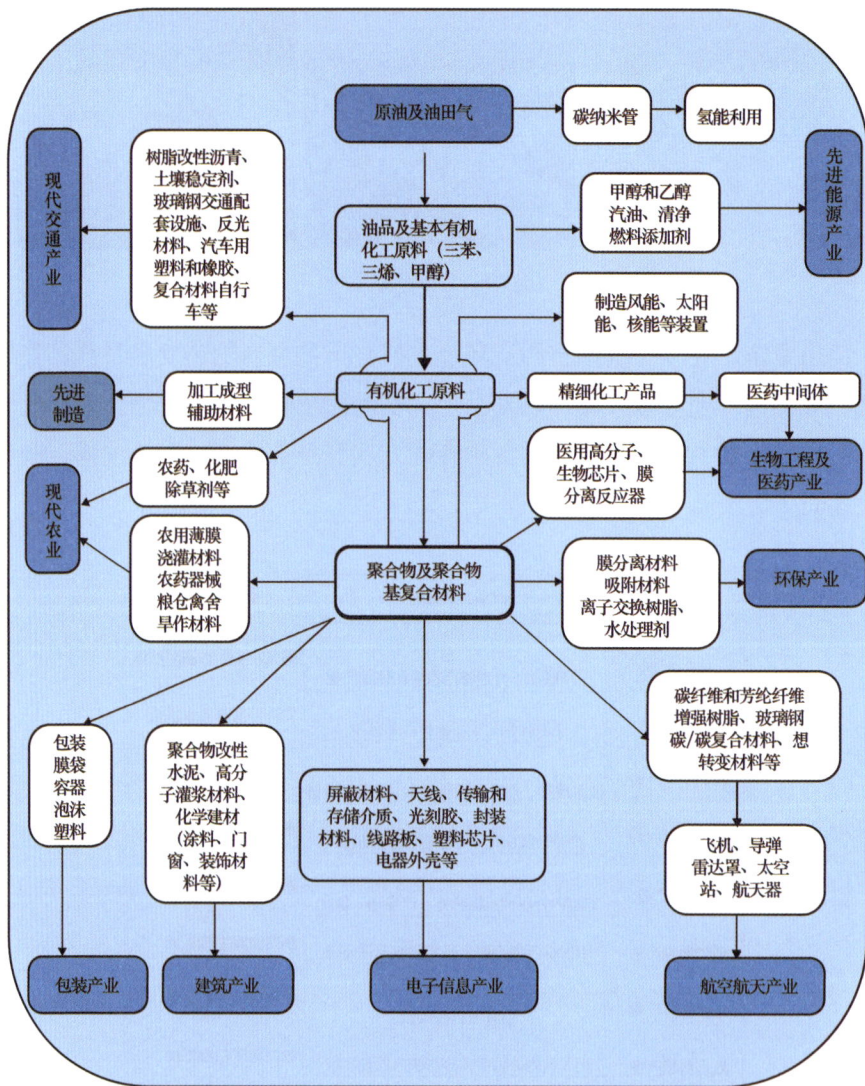

图 7-10 兰州产业链

（二）自然生态与城市特色

保护和建立兰州多样化生态环境系统，维护和强化整体山水格局的连续性和自然性。建设都市区森林生态大屏障，设立自然保护区、风景名胜区、森林公园、郊野公园、水源涵养区与保护区、绿色廊道等绿色空间引入城镇空间，与城区内的绿地、绿岛串联起来，加强对兰州新区原生态特色风貌的保护与营造，延续绿脉，形成网络型开放式城镇复合生态系统。

利用兰州当地丰富的历史文化资源，在兰州新区内部塑造不同的城镇文化主题区，形成完整的文化体验环线，策划与补充完善新型重点文化设施，重点打造不同的文化廊道，构建脉络完整、多元开放的文化景观体系。保护生态、延续绿脉、保护文化、传承文脉，强化对生态与人文资源的保护发展，使生态文化贯穿城镇山水之间，塑造兰州人文景观之城。

（三）新区空间结构与城市特色

城镇的发展必然是一个除旧迎新的过程，兰州新区的建设应与老城改造相结合，塑造秦王川新城特色风貌：通过城镇空间结构形态凸显城镇特色风貌，使兰州新区从城镇封闭格局走向区域共生的网络格局。城镇用地以紧凑的方式进行布局，通过相对集中的混合土地利用，提高土地使用效率，促使人口和经济的集中，保持公共服务设施系统的活力，有助于兰州新区形成不同的特色风貌区，同时有助于非建设空间的保护，控制城镇用地的无序蔓延，形成建成区与生态绿地间隔镶嵌的空间机理，改善城镇生态环境。充分协调新老城区功能结构之间的关系，以新区拓展带动旧城更新，在道路系统、景观轴线和用地布局上进行整体考虑，既要体现新区的建设风貌，又不失传统历史文化特色。新城区结合良好的自然资源，通过控制建筑高度、形态、色彩等要素，塑造新城现代特色。通过道路系统、河流、楔形绿地、广场等开敞空间的联系，形成相互呼应、相互协调的城镇整体风貌景观。

城镇结构模式思路：兰州新区城镇初期以单中心和多中心扩散模式为主，未来应是多中心、轴向发展的形态。需要建立多核和多级的中心体系，形成多元化的功能分区，以及提高沿城镇发展轴的运输效率。这种城镇形态既顺应了兰州新区城镇发展的自然条件特征，又是一种可持续的城镇发展形态（见图7-11）。

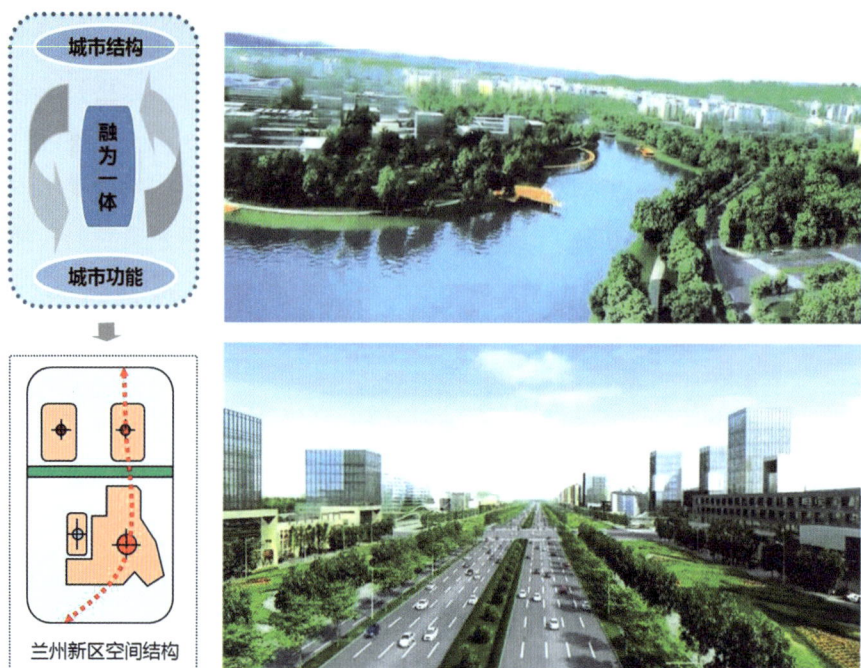

图 7-11　兰州新区空间结构演化图

城镇结构规划思路：根据轴线式多中心发展模式所演变成的"一带一轴"空间结构形态，所需要的道路网络骨架以及城镇公共空间的系统构建。注重交通性、生活性、区域性的道路功能分工，公共交通和滨水交通的组织，特别是慢行系统，进行合理布置。通过城镇建筑高度控制塑造紧凑、节奏感强的城镇天际线，通过重点区域的标志性建筑，打造经典的天际线点缀，凸显现代化国际先锋城镇形象。

（四）新区发展战略与城市特色

多中心发展，构建活力公共空间：多样性是活力"场所"的必要条件，结合城镇空间规划，融入多元新型城镇功能，提出城镇活力空间设计理念。整理各类资源，划定自然格局和城镇文化展示区。通过对居住空间、公共空间和商业空间的重点设计和打造来塑造提升城镇活力和城镇吸引力，构建开放、均衡、连贯的城镇魅力公共生活场所，营造多样的生活空间，重点打造城镇文化特色广场、特色步行街以及激活街道空间等，创造特色的"愉悦生活"模式，从而创造活力空间，培育多样的生活模式，彰显城镇景观特色风貌，创造良好的人居环境。

城镇活力空间设计思路：通过对居住空间、公共空间、商业空间以及街道空间的重点设计和打造来塑造提升城镇活力和城镇吸引力。针对居住空间在不同档次居住区范围内，通过相应的人性化和生态性的设计，打造舒适、休闲的生活氛围。针对公共空间在节点型城镇公共活动空间精细设计使其具有一定的主题思想，和当地的历史人文相结合，强调空间构图，突出景观效果，增强其功能和设施，便于公众利用。针对商业空间将娱乐、餐饮和时尚三者融为一体，打造人性化的城镇核心区空间效果，营造整体感强又富有多样性的商业街区。结合道路功能，设置功能性设施、信息性设施、休憩性设施、观赏性设施，聚人气，增加街道活力。

四、兰州新区特色与风貌塑造

兰州新区特色与风貌塑造的根本目的是创造和管理城镇空间特色，促成和维护城镇和谐有序健康发展。兰州新区特色与风貌塑造除满足城镇功能、审美和文化要求外，还应延续城镇独有特色、促进城镇经济繁荣，以及保障城镇发展的可持续性。

（一）新区特色与风貌塑造的原则

城镇环境应放在规划的第一位，生态优先是规划可持续性的关键。特色彰显和共性统一是城镇特色风貌塑造的重要目标和指导准则，巧于因借和人工塑造则体现出城镇的创造力。

（1）生态优先。现代文明已经进入了生态文明社会，尊重并强调地形地貌、河流湖泊、山体绿化等多种自然景观要素，建立生态连续的景观生态安全格局对城镇生态系统具有自我调节能力，而且连续的景观也是城镇美学的一个重要原则。

（2）特色彰显与共性统一。城镇特色是一个积极的概念，是城镇物质形态要素和文质形态要素的综合反映和集中体现，而共性则是一种普遍性特征，强调整体统一，随着我国城镇建设如火如荼地开展，城镇特色的危机感越来越明显，城镇的可识别性越来越弱，各地城镇便显现出均一现象。

（3）巧于因借与人工塑造。"巧于因借，精在体宜"源自计成的《园冶》，它是对中国传统造园手法的高度概括，标志着先人已在实际的审美过程中把握了自然风景的形式美规律，并运用到城镇的空间设计中。人工塑造则是强调人的主观能动性，将自然景观按照人的意愿进行改造，体现人征服自然的能力。

（二）新区特色与风貌塑造范围

兰州新区总体规划范围 806km²，南北长约49km，东西宽约23km。兰州新区规划控制范围位于东经 103°29′22″～103°49′56″，北纬 36°17′15″～36°43′29″。西界为尹—中高速公路向北沿秦王川盆地西边缘延伸至引大东二干渠；东界为皋兰县西岔川东缘向北延伸至永登县秦川镇东界；北界为引大东二干渠；南界为永登县树屏镇尹家庄—水阜乡涝池公路北缘。

兰州新区规划范围涉及永登、皋兰 2 个县，中川镇、秦川镇、上川镇、树屏镇、西岔镇和水阜乡 6 个乡镇（街道办），73 个行政村。

（三）新区总体结构

兰州新区结合山水格局，地形地貌的特征，规划新区为"一轴三片、五带多点"的特色风貌格局（见图7-12）。一轴是兰州新区南北城镇发展轴；三片是城镇三个组团片区；五带是五条城镇特色风貌带；多点是多个城镇特色风貌核。

图 7-12　特色风貌结构

城镇特色风貌规划将人工和自然有机结合的城镇景观系统，在保护新区空间景观整体风貌特征的同时，实现空间景观特色的延续，创造特色鲜明、体验丰富、整体和谐的景观环境，把兰州新区打造成为西部地区特色鲜明、功能齐全、产业聚集、服务配套、人居环境良好的现代化国际新区。

（四）新区特色风貌圈

兰州新区总体上可分为山体特色风貌圈、水体特色风貌圈、田园特色风貌圈、城镇特色风貌圈四大特色风貌圈。城镇特色风貌圈被山体特色风貌圈和田园特色风貌圈包围着，水系穿插于各风貌圈之间，作为各风貌圈之间风貌渗透的主要联系活动，城镇风貌与山体风貌和田园风貌直接相连，形成"城—田""城—山""城—水"的关系。通过规划引导实现城镇与自然协调发展，人与自然和谐共处，体现城镇与自然环境的融合与对话（见图7-13）。

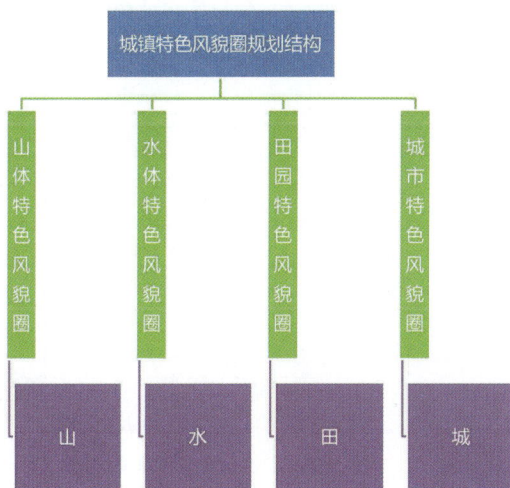

图 7-13 特色风貌圈结构

1.山体特色风貌圈

山体特色风貌圈主要分布在兰州新区的东、西、南侧，区内大部分地区被第四纪的松散沉积物——黄土覆盖。地区属于典型的黄土高原丘陵地貌类型，平川、梁峁、沟壑及河谷地貌发育。整个新区地域宽阔，地势由西北向东南倾斜，东西两面是低矮黄土山丘，南北长60km，东西最宽处21km，平均海拔高度为1910m。

山体特色风貌圈塑造分三个层次：首先，以生态敏感性分析为基础，划定山体风貌圈的生态敏感性等级，分为高敏感区、中敏感区、低敏感区，敏感度递减，以此作为生态保护及建设开发的基础；再次，对山体的开发强度做评估和规定，划定禁止建设区、限制建设区及适宜建设区；最后，指引山体风貌圈内适宜和限制建设的内容（见表7-1）。山体特色风貌圈现状植被稀少，水体流失严重，通过规划引导对山体进行修复保养，形成兰州新区的绿色屏障和城镇特色风貌背景。

表7-1　生态敏感性分析

山体圈分区	范围	控制程度	可建设内容	建设要求
高敏感区	南侧山林以及黄羊川水库、石门沟水库周边环境保护区	严格控制	适宜开发旅游风景区，限制开发旅游度假区，禁止开发社区房地产，避免对公众景观及生态稳定的破坏	宜在山顶地区营造具有标志性意义的景观节点，以加强山体及景区的指向性
中敏感区	以大面积山林地为主	较严格控制、低强度开发	区内适宜开发旅游风景区、度假区，可以适当开发旅游地产	建筑强调对地形地貌的利用，体现山地建筑的特色；注意对山脊线的保护，以低强度开发为主；就地取材及对乡土建筑的运用
低敏感区	现状建成的村庄聚落	适当控制、中强度开发	对生活性及工业性的污染源要严格控制，建设绿色城镇和社区	这些地区已进行了一定规模的开发建设，生态环境基本已被破坏，区内应明确建设区与非建设区的界限，防止建筑的无序蔓延

2. 田园特色风貌圈

田园特色风貌区主要集中在新区北部区域，是新区主要的基本农田保护区，自1994年引大入秦全线通水后已成为永登县的"米粮川"，是甘肃省的商品粮基地之一。区内农作物主要有小麦、蚕豆、啤酒花、大麦、洋芋、糜谷、玉米、青稞等；经济作物有油料、瓜果、玫瑰等。盆地中部建设有占地约2.7km²的省级秦王川农业高科技产业开发示范基地以及元山村千亩露地蔬菜基地、兔墩村千亩设施农业示范点、千亩经济林建设现场、倚能千亩休闲观光生态园、千亩优质马铃薯种植基地等5个千亩示范点。

田园特色风貌圈不仅提供粮食及其他经济产品，同时也是生物的栖息地和迁徙廊道，对城镇的生态环境起调节和缓冲作用，并能控制城镇发展的膨胀，将农业生产、生态环境、城镇生活融为一体，创造多彩田园风光。

特色风貌控制方法及内容如下：

（1）保持田园化的现代农业生产生活方式。田园化理念下的现代农业生产方式是有机农业。有机农业是对石油农业的扬弃和对传统农业的更高层次的回归，减少不可更新资源的利用，尽量利用当地可再生资源，利用自然规律和生态学的观点组织农业生产。田园化的现代农村住房建设不是重复农村传统居住形式，更不是盲目洋化和城镇化，而是对农村传统居住形式的继承和提升，充分利用石、土、木等当地传统可循环使用或可再生建筑材料，结合混凝土、钢筋等现代建筑材料修建具有传统风格的建筑。这种居住形式既具有传统建筑适应当地气候和地理环境的合理性，又比传统建筑坚固耐用、舒适方便，满足了现代农村的生活需要。

（2）发展田园化的现代农村工业。田园化理念下的农村工业化，不是城镇污染工业向农村转移，而是重点发展农村传统产业——农产品加工业，减少工业发展对生态的不利影响，对污染进行无害化处理；在推动农村工业建设的同时，保持农村生态良好的农业生产生活田园风貌。

（3）发展田园化的现代农村小城镇。田园化的农村城镇建设，是把农村的城镇定位为农村居民集中居住区和现代化公共设施服务中心，把农村的村庄定位为农民从事农业生产、农产品初级加工的场所和传统分散居住区。不在农村普遍进行城镇化建设，不按照城镇的模式改造村庄，把村庄建设的重点放在道路、水电、通信等基础设施和沼气、卫生厕所、太阳能、卫生所等建设项目上。要注重对特色民居村落的保护与开发，结合村中景观资源开发农家乐、生态农庄等旅游项目。旅游小镇的开发要以村落的良性发展为本，不可对村落建筑大拆大建，新建建筑要与旧建筑相协调，不宜出现大幅面的广告牌，保持田园村落风貌的整体性。

3. 水体特色风貌圈

水体特色风貌圈主要由水库、河流、水渠、湿地组成，兰州新区境内共有水库 3 座，包括石门沟水库、尖山庙水库和山字墩水库；季节性河流李麻沙沟，李麻沙沟位于永登县最东部，呈南北流向；水渠十余条，包括引大东一干渠、引大东二干渠、东一干渠九至十一支渠、东二干渠九至十四干渠、甘分干渠等；湿地1 处，位于兰州中川机场东南部。

水系穿插在各风貌圈之间，承担了各风貌圈的风貌渗透与主要活动联系，处于新区中心的水系是城镇的窗口，也是中心区的生态网络脉络，影响城镇的市容市貌，水系在各风貌圈中纵横交错，在一定程度上为城镇风貌圈引入了其他风貌圈的独特风貌，也是城镇形成独特风貌的重要因素。因此，对于城镇特色风貌圈中的水系要慎重，让水系在城镇风貌和城镇生活中发挥最大优化作用，创造不同功用的秀美多姿的城镇水系景观（见表7-2）。

表7-2　水景观区分类

分类	一类水景观区	二类水景观区	三类水景观区
范围	一类水景观区主要包括石门沟水库、黄羊川水库、尖山庙水库和山字墩水库，以及二号湖、湿地流域及其他城镇滨水空间	在城镇发展规划的建成区内，由经流主要城镇的河流、水渠组成	由一类、二类水景观区以外的其他河涌组成
河流沿岸及河流功能	水景观周围为新区行政、经济、生活、文化、服务、生产和流通中心区域，居住、工业组团密布，人口众多	河流、水渠两岸规划人口密度较高，沿岸有部分企业。该区河涌的主要功能为防洪排涝	三类水景观区河涌的功能比较单一，主要是防涝、排涝、灌溉等
水景观类型	景观规划以人文景观为主，突出亲水和休憩功能	水景观功能据其所在功能要求而定，采用生态景观与人文景观相结合，并以自然生态景观为主。水景观以自然生态为主	水景观以自然生态为主

城镇中的各种水体是城镇中最具灵气的资源和珍贵的景观，水体除了能美化环境外，还具有亲水和休憩功能，可以满足城镇居民回归自然的迫切愿望。对水体的合理开发利用，可以极大地丰富城镇居民休闲娱乐的场所，有利于缓解人们心理上的压力，还可极大地提高城镇的文化品位和景观多样性。郊区要突出水体的自然生态景观，在有建设用地规划的水库周边可以开发高绿化率，低建设强度的高尚住宅区，也可以结合旅游资源的开发营造以水体为主要特色的滨水游乐项目。

4. 城镇特色风貌圈

城镇特色风貌圈由综合服务特色风貌区、科教特色风貌区、旅游休闲特色风貌区、高新技术产业特色风貌区、产业特色风貌区、空港特色风貌区构成，形成连绵的城镇生活风貌区，城镇特色风貌圈是城镇特色风貌建设的主体，是城镇形象的主要体现。

现状产业特色风貌、商业娱乐风貌、城镇生活风貌、城镇特色风貌基本还未形成，随着新区的开发建设，城镇特色风貌将不断完善，形成既各具特色又协调统一的城镇整体形象。

城镇特色风貌圈规划在分区规划研究成果的基础上，从宏观到微观、从整体到局部、从形象定位到物质空间设计，系统整合城镇风貌各个要素、结构和功能的关系（见图7-14）。它是风貌规划的核心，包括城镇风貌区、风貌带、风貌核三个层次的内容，是对城镇整体空间形态的细化和落实。

城田交融	城水互映	山城交辉	山田交错

兰州新区田园特色主要集中在新区北部区域，是新区主体的基本农田保护区。核心区外围的农田，充当了城镇的楔形绿地，提供绿地渗入核心区，将城镇外围新鲜的空气和氧分带入城镇，可最大限度地减轻城镇"热岛效应"，提高城镇生态环境质量。

水系在城镇中蜿蜒曲折，处于新区中心的水系是城镇的窗口，也是中心区的生态网络脉络，影响城市的市容市貌，因此，对于城镇与水系的相互作用机的认识和处理上要得宜，以水系在城镇风貌和城镇生活中发挥最大优化作用，创造"城水互映"的城镇与自然协调发展的新城区。

兰州新区处在丘陵地带，山体呈现状被稀少，水体流失严重，在规划中应规划引导山体的修复保存，形成兰州新区的绿色屏障和城镇特色风貌背景，着力打造"山城交辉"的城镇特色风貌。

山和田是兰州新区发展建设的背景和基底，也集中体现了新区"人与自然和谐发展"的思路和原则。在适当人为因素的介入下，着重建设"山田交错"的自然环境，为新区建设做好铺垫与背景。

图 7-14　城镇特色风貌圈的协调共生

（五）新区特色风貌带

特色风貌带主要包括新区内带状景观廊道，包括水系景观带、绿化景观带、道路景观带、都市景观带等部分，根据规划分为两大主题特色风貌带："五脉联城"山水特色风貌带、"四横五纵"交通干道特色风貌带、"八经八纬"生活道路特色风貌带（图7-15）。

（1）"五脉联城"山水特色风貌带。在规划中将新区李麻沙沟河与四条干渠分别赋予人脉、动脉、绿脉、地脉、气脉提升河流在兰州新区特色风貌中的重要地位，期望通过人脉集聚人气、绿脉塑造环境、地脉保持本色这样的提升来营造新河流、新城镇等（见图7-16）。

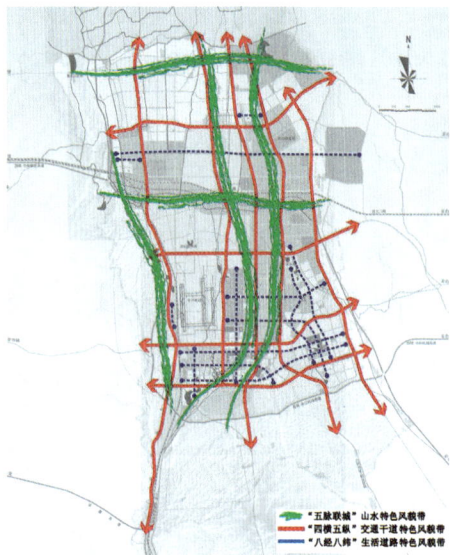

图 7-15　特色风貌带规划结构

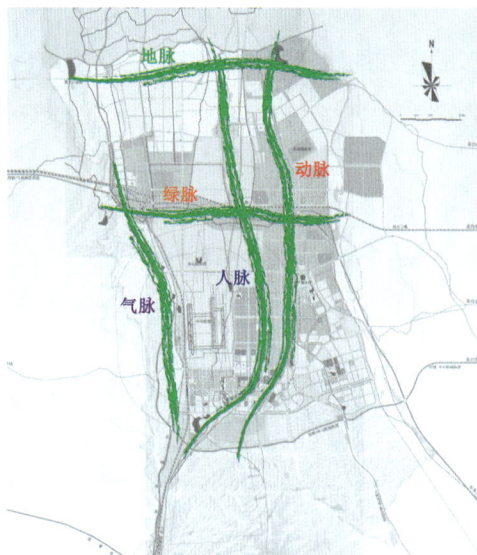

图 7-16　"五脉联城"山水特色风貌带

（2）人脉——李麻沙沟河——滨河休闲旅游特色风貌带。人脉即"人气的聚集"。李麻沙沟河为一条纵贯南北的季节性河流，联系了兰州新区行政办公、商业娱乐、旅游度假等地区，是与市民接触最亲密的河流，满足了市民的亲水需求。李麻沙沟河是一条纽带，把多姿多彩的城镇公共空间联系起来，是新区人气最为旺盛的一条特色风貌带和旅游带，包括生态林地旅游带、水上乐园、湿地公园、城镇滨水旅游带、工业文化旅游带、田园风光旅游带。因此把李麻沙沟河流域定位为新区的乐脉——人文娱乐的地方（见图7-17）。

营造重点主要包括强化滨河公共节点的开敞性（规划中应强化公园与河流的联系，加强滨河公共节点的开敞性，引导游人能够便捷地实现公园与河边的过渡，可以用各种式样的小桥把河流两岸联系起来，滨水景观大道延伸进公共节点，使其构成一个整体）、引入滨水娱乐设施（为聚集"人气"，增加游乐设施、商业售卖、餐饮服务等功能，积极利用水景观、水娱乐、水夜景等条件，发挥田美河的动人之处）、滨水文化景观的开发（结合历史文化的内容来塑造富于情趣的特色风貌，如创业精神文化长廊、黄河文化公园、民俗文化一条街等）、滨水活动的策划（体现出地方风俗，如逢年过节举办放河灯、赛龙舟、闹花灯、演大戏、舞龙舞狮等活动）、提高市民的参与性（让市民把特定的节日或日常活动与河湖、湿地联系起来。在节庆日方面，可以结合正月十五、农历七月初七、2月14日情人节等特定节日，举办花灯展、水中祈愿花灯、安全烟花、花船游行等活动）。

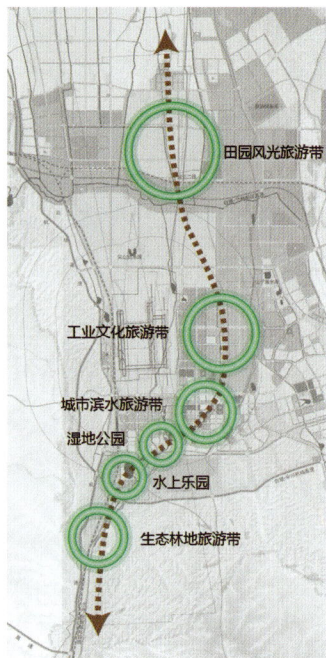

图 7-17　人脉规划设计

（3）动脉——大学城、奥体中心——科研体育特色风貌带。动脉即一种"运动的脉络"，兰州新区大学城培育出许多优秀的人才，为社会发展创新做出了巨大的贡献，各种体育运动和活动以及深厚的教育文化精神，融合兰州的黄河文化、丝绸文化、彩陶文化以及民族文化。动脉之意，不仅是运动的张扬，更多的是精神文化的传承，也是新区运动精神传承的风貌带，打造成智慧活力的新城（见图7-18）。

营造重点主要包括重点项目打造、引入休闲运动、文化景观的开发和体育活动赛事的策划四个方面。其中，重点项目打造主要是指启动重点项目开发模式，通过其引导整个地区的城镇品位。如具有国际标准的高尔夫球场、具有举办国际赛事的奥体中心等。引入休闲运动主要是指运动不仅聚在体育层面，更应该和商业、旅游、度假、地产结合起来一起开发，通过体育产业带动其他产业的相关发展。文化景观的开发主要是指将历史文化与运动休闲结合在一起，以文化体育公园的形式出现，增强整个兰州新区的文化氛围。体育活动赛事的策划主要是指举办一些知名的国内国际大型赛事，如马拉松比赛、自行车比赛、高尔夫巡回赛等。

（4）气脉——自然生态风貌带。"气脉"即城镇的"通风聚气廊道"。兰州新区西侧以浅丘为主，开发建设的力度比较薄弱，可开发的内容尚不明确，在这里，远离了城镇的喧嚣与繁华；在这里，人们可以自由地呼吸与奔跑，在这里，大自然的气息传入了都市。同时秦王川机场作为兰州甚至整个甘肃与外界交流的第一门户，在建设上要突出机场的门户地位，将纵贯南北的机场线规划为门户形象展示区、城镇面貌展示区、生态环境示范区（见图7-19）。

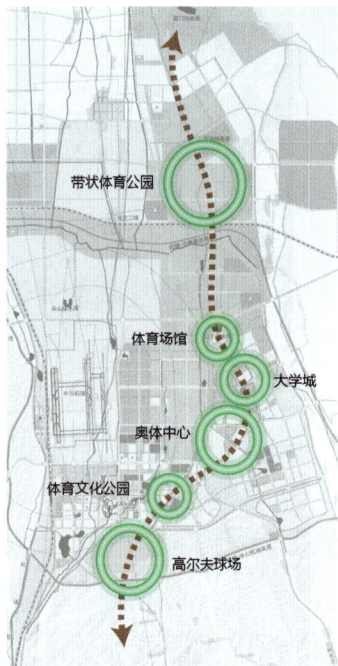

图 7-18　动脉规划设计

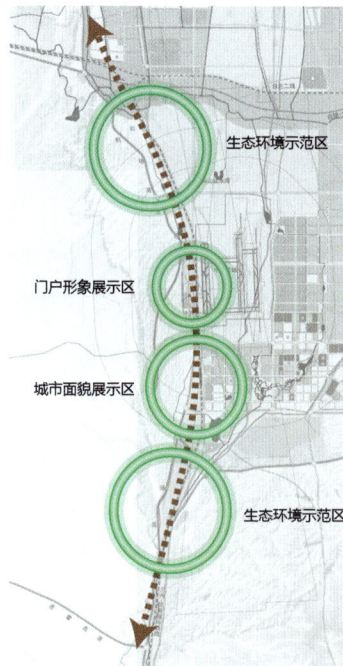

图 7-19　气脉规划设计

营造重点主要包括维持西侧山体自然生态风貌（努力维护和营造河流沿线的自然风貌，以乡土植物及本地植物来涵养河流水质，建设生态公园，营造植物生态园，通过生态绿化的恢复，防止水土流失，成为兰州新区生态恢复示范区）、提高机场线沿路城镇面貌（机场毗邻区是整个城镇的门户和第一印象，如首都机场南部的望京新城，成为进京的标志性城镇面貌，在秦王川机场南侧同样需要强调出新区的城镇门户面貌）、提升新区门户形象（机场作为新区联系周边的重要门户，通过广场、雕塑、建筑组团强化其城镇形象性，突出新区的门户形象）。

（5）绿脉——绿化特色风貌带。"绿脉"即"绿化景观核心"，兰州新区地处黄土高原，气候干旱少雨，土壤以黄土为主，涵养水资源能力较差。因此，绿化种植生存能力要较强，在新区横穿东西的白银—兰州新区高速公路两侧种植绿化，采用乔木、灌木等搭配不同的绿色空间，不仅美化了环境，同时也起到防风的屏障作用，绿化分为三大主题带，即交通枢纽主题绿化带、田园风光主题绿化带、工业片区主题绿化带（见图7-20）。

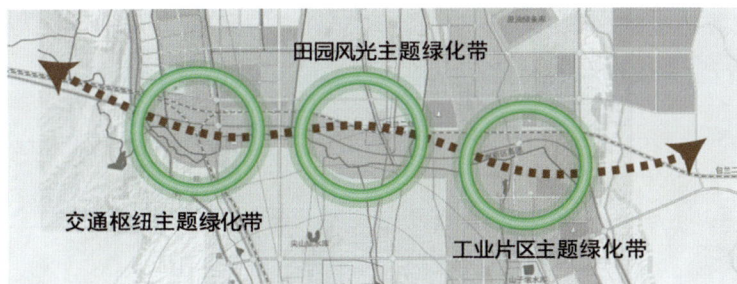

图7-20 绿脉规划设计

（6）地脉——田园特色风貌带。"地脉"即"土地灵气的凝聚"。土地是自然之母，大地孕育了生灵万物，农作物吸取了大地的营养，供给人类生命的延续，以现状基本为农田地带，保留有完好的田园特色风貌。以一种传统的、原始的、乡土的风情展现在市民面前，使人感到虽然处在繁华闹市，但仿佛一转身，就可以融入田园乡野之间，利用两水库形成水景主题娱乐休闲区，以旅游带动发展（见图7-21）。

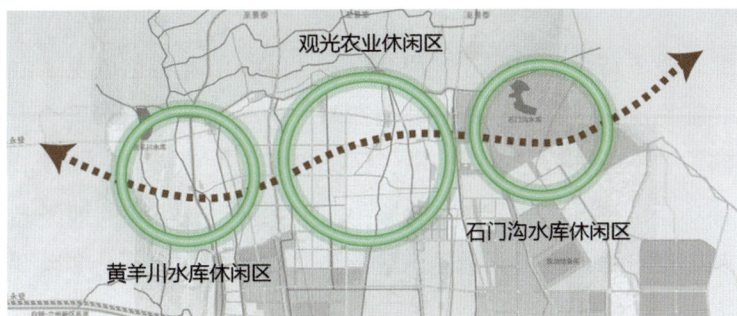

图7-21 地脉规划设计

（六）新区特色风貌区

规划中将兰州新区的生活、商业、娱乐、工业等功能分区独立塑造，展现相互有所差异的特色风貌，让市民深刻感受。在规划范围内将兰州新区划分为六大特色风貌区，分别是：城镇生活特色风貌区；科教文化特色风貌区；综合产业特色风貌区；石化、物流特色产业特色风貌区；机场商务特色风貌区；自然生态特色风貌区（见图7-22）。自然生态环境是城镇特色风貌形成的基础，产业是城镇特色风貌形成的前提，机场是城镇特色风貌的提升，生活是城镇特色风貌的核心（见图7-23）。城镇的一切目的都是以人为中心，充分体现城镇特色风貌塑造过程"以人为本"设计理念，充分体现"人居""人识""人业""人行""人境"五大景观特征。

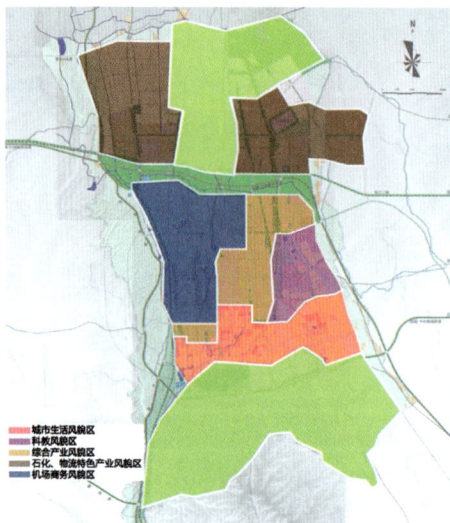

图 7-22　特色风貌分区

图 7-23　特色风貌区构成

（1）综合服务特色风貌区——流金溢彩。综合服务特色风貌区位于新区中心部位，北临物流园区，南至南绕城快速路，西至西外环，东接兰州新区体育公园，其涵盖了行政办公、商业服务、休闲娱乐、文化教育、体育卫生、居住生活等多种功能，该区域是公建最为集中、公共活动最丰富的地区，在特色风貌规划控制上重点强调突出天际轮廓线及公共空间，打造一个多姿多彩、繁华现代的城镇核心特色风貌区。

综合服务特色风貌区位受机场净空限制，2号湖西侧与北侧控制在45m以下，2号湖东侧处于整个新区黄金地段，控制在60~100m。由机场向周边辐射逐渐增高，形成阶梯性城镇天际线。

（2）旅游休闲特色风貌区——活力四射。旅游休闲特色风貌区位于新区东南部，西侧规划有带状体育运动文化公园，周边山体环绕，景色丰富，地形起伏较大，非常适宜形成山地特色的旅游休闲居住地。对于本区域的特色风貌规划控制重点强调天际轮廓线、视廊、景观绿化、建筑风格。打造新区一处山环绿绕的休闲新城。

旅游休闲特色风貌区位于机场东南部，受机场净空限制片区西侧控制在145米以下，东侧远离机场不受限制，高度根据城镇功能需要而设定，由机场向周边辐射逐渐增高，形成阶梯性城镇天际线。

（3）生活居住特色风貌区——时尚现代。生活居住特色风貌区位于新区东部，北起纬十五路，南至纬二十七路，西临经二十一路，东靠经三十三路，以南绕城快速路为界划分为南北生活区两个部分，是兰州新区的服务配套设施区域，包括商业办公、商业金融、文化娱乐、医疗卫生，体育休闲等功能，整体区域体现了现代时尚、前卫时髦的城镇景观区域。

生活居住特色风貌区位于机场东部，远离机场区域，不受机场净空限制，因此，由机场向周边辐射逐渐增高，形成阶梯性城镇天际线。

（4）科教特色风貌区——人识。科教特色风貌区位于新区东部，北起北快速路，南到纬一路，西临经十九路，东至东绕城快速路，包括大学城（教学区、宿舍区、文化区、活动区等）科技园、教师居住区等，该区域是新区文化传承之地，人流集中、公共活动丰富的地区，是文化展示窗口。

科教特色风貌区位于机场东部，远离机场区域，不受机场净空限制，因此，由机场向周边辐射逐渐增高，形成阶梯性城镇天际线。

（5）综合产业特色风貌区——人业。综合产业特色风貌区位于新区中部，包括高新技术产业、先进装备制造产业、物流产业，主要以一类产业为主，生产带来的污染较少，环境较好，是兰州新区的经济支柱。

综合产业特色风貌区位于机场东部以及南部，离机场区域较近，受机场净空限制，因此，沿机场向东部辐射逐渐增高，区域南侧与北侧最高，形成阶梯性城镇天际线。

（6）石化、物流特色产业特色风貌区——人业。石化、物流特色产业特色风貌区位于兰州新区的北部，包括石油、化工、物流产业，主要属于二类工业，污染较大，环境要求较高，要有防护措施，是兰州新区经济支柱的重要来源。

本区域是国家重点打造的具有战略意义的产业基地，特色风貌规划控制上强调：工业区的可识别性；工业建筑立面色彩、材质；设计风格。工业区交通出入口设置公共绿地和广场，便于设置醒目的广告牌，使市民有完整的工业区感受。同时，由于工业区靠近机场，特别要注意产业区第五立面的控制。打造西部产业特色景观特色。

石化、物流特色产业特色风貌区位于机场北部，远离机场区域，不受机场净空限制，因此，建筑高度根据工业厂房的功能需求来确定。

（7）机场临空商务特色风貌区——人行。机场临空商务特色风貌区位于新区中西部，西侧为机场高速，中部为兰州—张掖国际铁路，东部为兰州中川机场。机场商务特色风貌区是进入兰州新区的第一个功能区，是新区的门户。区域内部含有商业金融与居住生活功能，通过对城镇空间进行引导，着力从景观绿化环境、建筑立面等方面进行控制，立足营造一种国际级商务先行区风貌。

机场临空商务特色风貌区位受机场净空限制，建筑高度普遍限制在18米以下，局部限制高度在3米以下。

（8）自然生态特色风貌区——人境。自然生态特色风貌区位于新区城区南北两端，由山体、水库、农田和村庄组成，规划以生态学的理论为指导，建设山、水、城、田、林、园和谐共生的生态环境，促进城镇园林化的实现，弘扬地方文化，赋予城镇风貌强烈的可识别性。构筑以城镇为核心、城乡统筹的绿地生态系统。

自然生态特色风貌区只有南端地块机场跑道延长线上的部分区域受机场净空限制，受地形因素的影响，由北至南依次限高145m、100m和60m。

（七）新区特色风貌核

城镇是一个聚合体，融汇了综合服务、文化娱乐、生产生活、行政办公等多种功能，这些功能在空间上的凝聚，就构成了丰富多彩的城镇风貌核。风貌核是城镇生活的功能核，城镇生活的复杂性与多样性在这些特定空间中演绎出来，体现着城镇包容万象的气度。按照不同的城镇功能特色风貌将兰州新区划分为四大特色风貌核，分别是城镇综合服务特色风貌核、科教文化特色风貌核、生活配套特色风貌核、产业物流特色风貌核。

（1）城镇综合服务特色风貌核——城镇综合服务特色风貌核是包容万象的城镇生活的集合，是最容易体现城镇风貌的区域，是城镇中心的集合体，包括行政、商业、娱乐、医疗等综合服务设施，体现了兰州新区现代时尚的风格品质，塑造出国际化新城风貌。

（2）科教文化特色风貌核——科教文化特色风貌核是知识的源泉之地，延续了兰州的文化瑰宝，传承了文化知识，展示了文化内涵，体现了莘莘学子不断创新、追求知识的新风貌，赋予了兰州新区创新的能力，把兰州新区打造成智慧新城。

（3）生活配套特色风貌核——生活配套特色风貌核是新区居住服务配套设施，要求建立生态安全格局，采用生态基础设施，运用低碳环保、节能处理，实现联合国生态人居示范新城，打造成高原明珠、绿色之洲。

（4）产业物流特色风貌核——产业是城镇经济快速发展的动力，兰州新区包括石化产业、高新技术产业、制药产业、食品产业、物流园区等综合产业，产城联动，引领兰州新区的高速发展，带领兰州新区"朝阳即升、凤飞陇西、光浴巢穴、弦丝舞动"。

其中，城镇综合服务特色风貌核又可按照自然特征、人文特征、城镇特征分为三类，即绿化特色风貌核、历史人文风貌核、城镇功能风貌核。

（1）绿化特色风貌核。绿化特色风貌核是对新区内公园绿地所形成的"绿核"的概括，内容涵盖了新区内已经建设的公园、待建的公园和建议新增的公园（见表7-3）。特色风貌控制主要从以下几个方面进行：

表7-3　绿化特色风貌控制

名称	风貌核类型	塑造方式	风貌塑造要素	界面控制	空间感受
湿地公园	湿地公园	崭新打造	自然景观、湿地动植物	开敞界面、视线开阔	视线开阔、舒畅自然
滨湖公园（2号湖）	文化娱乐公园	崭新打造	人文历史特征、娱乐性设施	整齐的建筑界面、历史风貌符号	亲切宜人、内容丰富
体育文化公园（自行车主题）	体育主题公园	崭新打造	体育运动、文化休闲	带状界面	运动宜人、项目丰富

以滨湖公园（2号湖）为例。

营造和谐互动可持续发展的体验区：尊重自然环境，注重当地文化艺术传统和本土特色，同时将新设计中的活动内容和设施融入自然环境。

加强都市互动，提升城镇形象：由适量的休闲服务设施和合理流畅的动线，将都市的生机与活力带至开放空间，使之同时满足都市的和邻里社区的使用需求，与都市生活融为一体。

塑造湖畔滨水空间的整体场所感：衔接开放空间，延续设计中运用的景观细节和特色，同时强化空间序列功能，围绕"水"主题展开一系列活动内容，赋予水体、岸线以不同的特性和功能，并建立整体、统一的景观印象。

带动配套休闲消费，支持公园经济与城镇旅游经济健康发展：提供各种不同年龄、目的人群以有趣、舒适、丰富的活动，并配置商业零售、餐饮、停仁等建构筑物以提升景区人气，使湖滨的开放空间在成为休闲目的地之外，更成为新城健康时尚生活方式的展示与代表。

（2）历史人文风貌核。历史人文风貌核主要是对历史古迹及人文景观的保护和维育。新区的历史文化比较丰富，但是遗存下来的物质性文化遗产较少，并且新区是在一片空地上建设的新城，文化会受到很大的冲击。因此，需要更加谨慎的对待，不是对文物本身的改造，而是要提高兰州新区历史文化的知名度，将文化融入整个城镇的建设过程中。这就需要以历史人物古迹为依托，通过环境景观的改善与控制，提升兰州新区的历史人文气息。表7-4为历史人文风貌控制。

表7-4 历史人文风貌控制

名称	历史文化类型	塑造方式	风貌塑造要素	界面控制	空间感受
综合服务区	多民族文化、黄河文化	崭新打造	与河湖、湿地结合	古建筑为主，绿树环抱	文化感受、民族文化感受
旅游休闲区	黄河文化	崭新打造	人文文化元素再现	古建筑为主，绿树环抱	文化感受
生活居住区	丝路文化	崭新打造	丝路文化提炼	古建筑为主，绿树环抱	文化感受
科教风貌区	科教文化	崭新打造	科教名人、文化名人	现代雕塑公园、郊野公园	视线开敞

名称	历史文化类型	塑造方式	风貌塑造要素	界面控制	空间感受
综合产业区	产业文化	崭新打造	奋斗精神、开荒精神	线条建筑与柔美环境	开敞、变化
石化、物流区	产业文化	崭新打造	奋斗精神、开荒精神	线条建筑与柔美环境	开敞、变化
机场临空商务区	空港文化	崭新打造	多元文化融合	流畅的建筑线条	开敞、大气
自然生态区	自然环境文化	崭新打造	文化与自然结合	自然山水环境	亲切、自然

（3）城镇功能风貌核。城镇功能风貌核是对内包容万象的城镇生活的集合，是最容易体现城镇风貌的区域，因此，规划中选取兰州新区中各种城镇功能所集中体现的地段，划定为城镇风貌核，控制内容根据具体的区段特色确定（见表7-5）。

表7-5　城镇功能风貌控制

名称	风貌核类型	塑造方式	风貌塑造要素	界面控制	空间感受
区政府	行政	崭新打造	大型公建、市民广场	大型公建及现代风格住宅	庄严宏大
兰州中川机场	交通枢纽	崭新打造	城镇地标指引	流线型的建筑界面良好围合感	功能明确人流穿息
铁路交通枢纽	交通枢纽	崭新打造	城镇地标指引	整齐型的建筑界面良好围合感	功能明确人流穿息
城镇之心	商业中心	崭新打造	商业广场的活力	商业店铺围合	商业繁华氛围浓郁
现代办公区	办公	崭新打造	办公集聚	整齐围合	简洁大方
工业区	工业	崭新打造	屋顶形式色彩、企业形象标识	整齐统一的建筑界面	整洁高效

（八）新区入口设计

新区入口相对于新区总体而言是新区空间形态中的路径与新区边界的交点所在，是一个新区空间形态与脉络肌理的有机构成。新区入口形象则是处在新区入口这一特定区间的一切有形的建筑及其他景观形态，包括车站、码头、机场等。新区入口是新区的门户和窗口，新区入口形象一定程度上代表着新区的形象（见图7-24）。

	设计主题	设计风格	设计意向
新区东入口——城边花园	新区东入口，花园般城市景观风貌，展示了周边生活区宜居、舒适优美的社区形象	现代、简洁、色彩鲜艳	
新区南入口——南城假日	南入口为新区与兰州连接的主要节点。是兰州新区这个城市形象的展示。是兰州新区人"拓荒"精神的体现	具象、厚重、大气	
新区西入口——柳岸花明	西入口为进入兰州新区的第一门户，注重体现兰州新区的城市文化。突出新区玫瑰产业主题	现代、简洁	
新区北入口——印象阳台	北入口靠近产业区，特别是石油化工基地，重点突出新区的石油化工、机械设备制造业产业特色	现代、简洁	
机场门户——世界之窗	机场为新区，甚至整个甘肃和兰州的形象展示，应该突出兰州的城市形象和特色	大气、形象突出	
火车站门户——都市印象	火车站主要展现整个兰州新区的魅力，特别突出新区欢迎四面八方来客的旅游形象	宜人、极具吸引力	

图 7-24　新区入口设计意向

（1）新区东入口——城边花园。白银—中川机场高速与白银—兰州新区高速交叉口，是新区东入口，也是白银方向进入兰州新区的主要交通道路，代表着城镇门户形象，从绿化、建筑、文化等方面，展示了城镇东入口的形象，成为展现"兰白"经济、文化、地域衔接焦点，携手合作共创未来。

（2）新区南入口——南城假日。白银—中川机场高速与机场高速交叉口，南至兰州老城区，北到景泰，东连白银，是新区重要的南门户形象，临近湿地公园，带动了旅游度假的发展，展示了兰州新区的城镇特色风貌，塑造环境优美、宜人宜居的绿色生活。

（3）新区西入口——柳岸花明。白银—兰州新区高速与机场高速交叉口，南至白银，北到景泰，东连皋兰，西到永登，是新区重要的西门户形象，整条高速设置在绿化隔离带内，与包兰二线铁路平行，共同塑造了兰州新区的城镇景观，达到曲径通幽、柳暗花明、豁然开朗、意外惊喜的境界。

（4）新区北入口——印象阳台。机场高速与北环路交叉口，是新区北入口，也是景泰方向进入兰州新区的主要交通道路，是新区北部的印象阳台，它经过兰州新区经济支柱产业区，有韵律、次序的产业房，形成兰州新区的城镇新特色风貌。

（5）机场门户——世界之窗。沿机场高速是新区世界之窗，兰州中川机场是西北省会城镇4D（兼顾4E）标准设计级干线机场，是西北的枢纽机场，民航甘肃省局基地，为国内干线机场欧亚航路国际航班Ⅰ级国际备降机场，同时向全世界人民展示着新区的国际新风貌。

（6）火车站门户——都市印象。包兰二线横穿兰州新区，东至白银，西到永登，南穿新区延伸到兰州老城，是运输产业的城镇经济大动脉，它禀赋兰州新区发展动力，展示兰州企业腾飞、创新的活力。

（九）新区特色风貌符号

城镇的特色风貌符号包括建筑符号、绿化符号和城镇街道家具符号，是城镇景观的容器。

（1）建筑风貌符号。建筑风貌符号主要包括两大类：一是历史建筑风貌符号，体现兰州当地的建筑构件、建筑材料、建筑装饰等（见图7-25）；另一类是现代建筑风貌符号，与现代建设发展相适应的建筑符号，能辨认出建筑的时代性（见图7-26）。

图 7-25　历史建筑风貌符号

图 7-26　现代建筑风貌符号

（2）绿化风貌符号。兰州新区地处黄土高原，降雨量较少，水资源匮乏，在城镇生态环境建设中以生物措施为主、生态治理与资源保护并重。生物措施着重节水园林建设，坚持乔、灌、草相结合，以建设复合型立体生态绿地系统。新区工业区规模较大，应注意防止工业污染对主城区的扩散。

为适应兰州市干旱少雨、冬季寒冷和土壤贫瘠的自然地理特征，城镇绿化应优先考虑耐干旱、耐低温且少管护的物种，如侧柏、圆柏、臭椿、白蜡树、悬铃木、国槐、刺槐、泡桐和家榆等。

在水资源丰富或灌溉便利的地区，可适当种植合欢和银杏等喜湿的树种。根据植物对不同环境的适应能力在不同区域种植不同植物。例如：铝厂工业区可优先考虑种植美人蕉、向日葵、大叶黄杨、女贞和梧桐等吸氟能力强的树种；石化片区优先选择臭椿、夹竹桃、刺槐、侧柏、圆柏、白蜡树、皂角和核桃树等抗污能力强的树种。

（3）城镇街道家具风貌符号。美国著名景观设计师哈普林曾说："一个都市对其都市景观的重视与否，可从它所设置的街道桌椅的品质和数量上体现出来。"众所周知，现代城镇是一个充满着物流、人流和信息流的流动性空间，为市民大众服务的城镇街道家具的完备程度和美学品位的差异，已经成为一座城镇公共文化及精神气质的重要组成部分，并成为所有市民城镇生活品质的一种体现。

城镇街道家具要体现兰州地域文化和特色。兰州的独特文化是产业文化，其次是玫瑰文化、黄河文化、高原文化、航空文化，都可以应用在街道家具的设计中。例如，利用航空文化设计飞机造型的路灯、地面铺装、候车亭等。只要有文化意向的指引，都可以有相应的特色街道家具，并且街道家具的主题设置应该与风貌核、风貌带、风貌区的主题相契合，体现出一个城镇节点、一条街、一个片区的整体风貌。

（十）新区标识与城市特色

标识是对公共场所的指示，包括指示建筑标识、雕塑造型标识、街区装置、大型立牌、广告灯箱、公共围挡等。清晰合理的标识系统，不仅可以使人立刻明辨自身在城市地图中的位置，加强现代城市的运行效率，同时优秀的标识设计也能体现城市特色。

（1）建筑标识。建筑标识应根据建筑物外立面位置自行设定，根据兰州新区的城市特色，可采用镜面不锈钢和拉丝不锈钢的材质，色彩可选用专色银，采用激光切割、焊接等工艺制作，将其布置于建筑物上方位置（见图7-27）。

建筑图形应汲取兰州新区标志及辅助图形的元素，进行立体风格化设计，突出建筑的独特性和专属兰州新区的地域特点（见图7-28）。

图 7-27　兰州新区建筑标识示例图

图 7-28　兰州新区建筑图形示例图

（2）雕塑造型。雕塑应根据场地位置和面积大小自行设定，可选用钢材、玻璃钢、钢筋和混凝土等，色彩可选用标准色和专色银，主要布置于城区中心广场和主街道中心环岛等位置（见图7-29）。

（3）街区装置。街区装置可借鉴红色的条带造型进行延展与应用，一般布置于城市步行街道或休闲广场等位置，通过对标识形象的视觉强化，从而使这些街区装置具有兰州新区专属的艺术特点（见图7-30）。

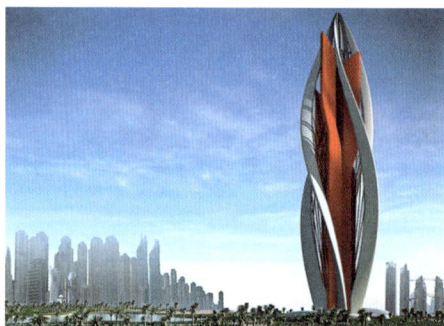

图 7-29　雕塑造型示例图

图 7-30　街区装置示例图

（4）立牌设施。户外大型立牌是宣传城市的重要载体，主要包括大型立牌、广告牌、公共围挡等，通过对立牌标识形象中的规范设计，可以使兰州新区的视觉形象更加深入人心，凸显城市特色（见图7-31~图7-34）。

图 7-31　大型立牌设施示例图

图 7-32 大型广告牌设施示例图

图 7-33 中型广告牌设施示例图

图 7-34 公共围挡示例图

（5）其他相关设施。城市公共交通的候车厅、垃圾筒及各类的竖牌标识也是标志系统中的重要组成部分，其设计也应借鉴兰州新区标志中红色条带的造型，并在保持其功能的前提下，使其具有兰州新区的专属特点，凸显兰州新区的城市特色（见图7-35~图7-38）。

图 7-35 垃圾筒示例图

图 7-36 候车厅示例图

图 7-37　竖向挂旗示例图（1）

图 7-38　竖向挂旗示例图（2）

第八章 通过城市特色研究探讨城市设计的新途径

21世纪，在"全球化、市场化、信息化、快速城市化"的浪潮中，由于片面追求城市美，城市设计模式化越来越严重，我国城市出现了前所未有的城市特色危机，让城市管理者和专家们束手无策。

在"存量优化"的城市更新时期，国家到地方层面越来越重视城市特色的研究，相关政府部门和学界也将城市特色研究作为城市规划中的一个重要课题。但由于认识的局限性以及城市规划建设问题的复杂性，我国有关城市特色研究的理论还比较薄弱，至今未形成一套相对成熟的具有实践指导意义的研究体系，尤其是对于城市特色内涵和研究框架的探讨缺乏统一认识，造成理论和实践的脱节，在这种背景下，对其进行深入的辨析和讨论显得尤为迫切和必要。

一、当前我国城市设计所面临的现实困境

当前，我国城市特色危机愈演愈烈，很多城市缺乏发展主题和特色。在规划建设中抄袭、模仿、复制现象十分普遍，各地具有民族风格和地域特色的城市风貌正在消失，"千城一面"的现象日趋严重。究其原因主要是目前中国现有城市规划和城市经济体制有很大矛盾，且城市设计理念缺乏从地块拥有者到土地开发商的认可。现有城市规划和城市设计已经不能满足城市发展的需要，规划模式中存在的很多缺陷导致其无法有效指导城市发展建设。

因此，越来越多的城市面临着记忆的消失、城市面貌的趋同、城市建设的失调、城市形象的低俗、城市精神的衰落、城市管理的错位、城市文化的沉沦

等问题，单靠现有的城市设计已不能很好地解决城市问题，更难以体现城市独有的魅力。

二、对城市设计的认识

城市设计是城市形体环境设计的一种构思、方法、手段，它贯穿于城市规划的各个编制阶段，不同编制阶段有不同的任务和重点。它作为以提高城市形体环境和城市生活质量为目标的实践行为，在城市建设过程中发挥了重要的作用，越来越为人们所重视，虽已取得许多令人瞩目的成绩，但在我国尚处于探索阶段，在其实践过程中，技术层面和实施层面都产生了不少新的问题。

1. 技术层面的主要问题

（1）片面追求城市美，忽略城市活力的提升。受国际"城市美化运动"思潮的影响，目前很多城市的建设热衷于"高、大、上"，盲目追求"大轴线、大广场、宽马路、超高层"的城市设计思想，虽然在一定程度上促进了经济更加繁荣、社会更加进步，但是城市活力十分不足。造成这一现象的根源是城市设计缺乏城市行为学的研究，而建筑行为学、环境行为学是以研究微观层面的建筑环境空间行为为主，缺乏宏观层面的城市空间建构的功能性基础研究。

（2）设计模式化，缺乏城市特色的塑造。受城市全球化的影响，城市设计模式化，加上设计者思维简单化，对现状环境资源缺乏深入挖掘和特色提炼，导致城市设计千篇一律，忽略城市特点。随着城市设计塑造城市特色的重要发展趋势，我们要加强对城市要素之间关系的形态整合，使建筑与环境产生遥相呼应的关系，加深对新时代城市个性特征的认识，彰显城市性格。

2. 实施层面的主要问题

（1）设计成果可操作性差。在我国的城市设计实践中，真正按照城市设计的构思起到有效指导城市建设，达到提高城市环境质量和生活质量目标的，为数甚少。造成这种现象的原因，一是由于城市设计至今尚未取得法律地位，甚至其成果无法在城市空间建造与环境营造过程中成为实施依据和蓝本，更谈不上成为政府制定相关管理条例或法律条文的依据；二是城市设计与建设管理脱节，缺乏城市设计在建设管理体制中落实的方式方法。

（2）缺乏行之有效的公众参与操作方式。由于国家整体政治制度框架中缺少对公众参与的实质性规定，城市设计即便有公众参与，但也因为缺乏可操作的公众参与方式、方法、程序和准则，既难以组织起市民的有效参与，又影响市民的参与热情；加上城市规划专业技术性较强，普通市民大多缺乏专业知识，信息获取存在严重不对称，造成公众参与活动大多流于形式，难以达到公众参与的目的。

由此可见，城市设计可操作性的探索亟待加强。

城市特色是一个有机系统，是众多个体特色的整体放大，能很好地展示城市魅力，凸显城市品质，提高城市知名度，增强城市竞争力。如何通过城市特色展现城市灵魂，是目前解决城市设计短板的重要途径。

三、城市特色研究方法和框架的建立

对城市特色的研究，应该从古今中外特色鲜明的城市特色营造的做法中汲取营养，并以上述城市特色与风貌塑造的案例研究为基础，形成一套较系统的城市特色的研究框架。

（一）概念解析

什么是城市特色？我们对城市特色的理解是模糊的。"城市特色"强调的是区别性。路易斯·芒福德曾说："城市都具备各自突出的个性，这个性是如此强烈，如此充满性格特征。"

简单而言，城市特色是指一个城市的内容和形式明显区别于其他城市的个性特征。城市特色的构成主要有两个部分：主导特征和与众不同的特征，其中主导特征是引导全局并推动全局发展的城市构成元素，与众不同的特征是与其他城市不同的地方，鲜明地表现出独具个性的城市构成元素（见图8-1和图8-2）。

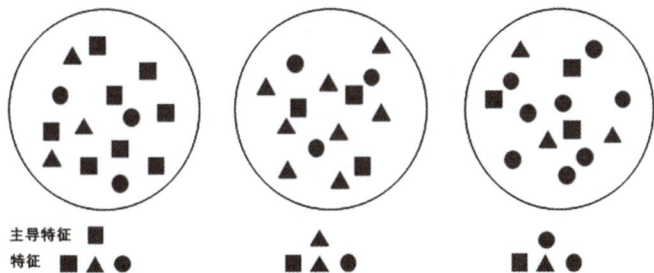

图 8-1　城市特色主导特征示意图

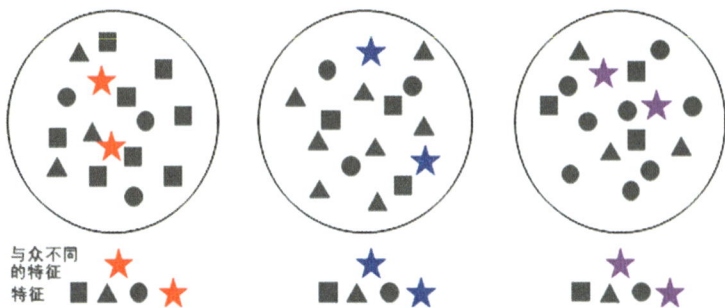

图 8-2　城市特色与众不同的特征示意图

（二）研究方法

对于城市特色研究，主要以凯文·林奇的城市设计理论、区域理论、SWOT 分析法为依据，来保证研究成果的真实性和合理性，使其在成为政府制定相关管理条例或法律依据时，具备足够的科学性和权威性。

（1）凯文·林奇理论1——城市体验。城市体验是指从城市物质形式的心理学和感知角度出发，对城市环境的亲身体验（见图8-3）。凯文·林奇在对城市进行考察之后，总结出五个城市环境满意度指标（方向感、友善感、刺激感、愉悦感、兴趣感）和几个"功能性"满意度指标（运动、购物、气候状况等），来指导对城市物质环境的评定。

通过借鉴城市体验分析方法，按照不同路线环游规划区，并对视野范围内的城市环境特征用专业语言描述出来，对其现有的城市特色进行评定，正确认识和提炼现有城市特色，以指导城市特色总体构想的提出，并成为制定实施策略的依据之一。

（2）凯文·林奇理论2——视觉形态分析。视觉形态分析是凯文·林奇城市设计方法论的有机组成部分，视觉形态是关乎人们身心体验的重要指标；视觉形态分析方法是从可视环境本身的特征出发，通过穿越区域来记录其内部的基本状况，并以此为依据对区域做进一步的分析。分析结果不仅传达区域内一般视觉特征的真实意象，并且成为制定视觉政策的基础。

通过借鉴视觉形态分析方法，按照自然景观质量和城镇景观视觉质量两个方面，收集并整理调查所记录的全部文字和照片，然后进行视觉择优分析，鉴定具有价值及值得保存的视觉质量和不受欢迎应该有所改变的视觉质量，以更好地评定现有的城市特色。

（3）凯文·林奇理论3——城市意象。凯文·林奇的城市意象理论偏重于体验者的印象和感受，强调城市意象是个别的印象经过叠加而形成的公众形象。凯文·林奇通过实践研究，总结出城市意象的五个元素（路径、边界、区域、节点、标识），并强调各个构成元素应该关系明确、连续统一，让人容易理解和感知（见图8-4）。

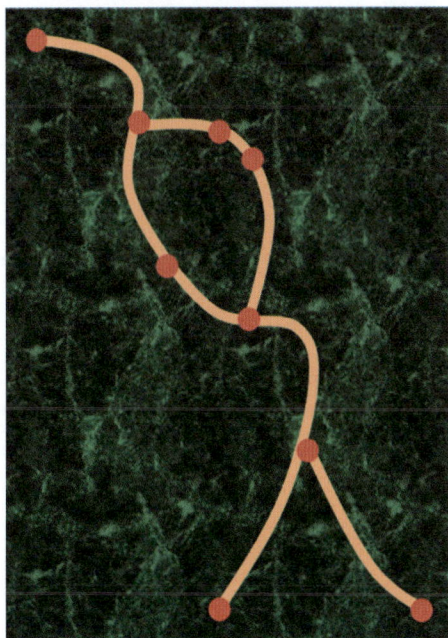

图8-3　城市体验线路示意图

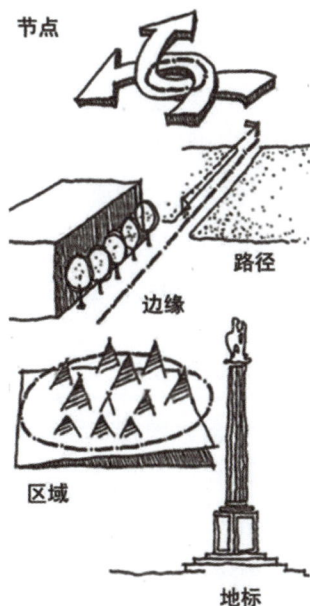

图8-4　城市意象五要素图

运用城市意象理论，研究城市居民与城市之间是如何相互作用、相互影响的，从而提高城市的可识别性和秩序性，使城市结构更加明晰，意义更加深刻，以便于更好地提炼和塑造城市的风貌特色。

（4）SWOT分析方法。SWOT分析是一种可对复杂环境进行科学态势分析的分析法，通过了解事物的优势（Strength）与弱势（Weakness），掌握外部机会（Opportunity），规避威胁（Threat），从而制定良好战略的方法（见图8-5）。SWOT分析具有前瞻性、科学性、多向性和反馈机制等应用特点，最初主要应用在商业领域，用来制定商业机构运营的愿景与战略，之后逐渐被应用到教育评估和城市设计等领域的分析与决策过程中。

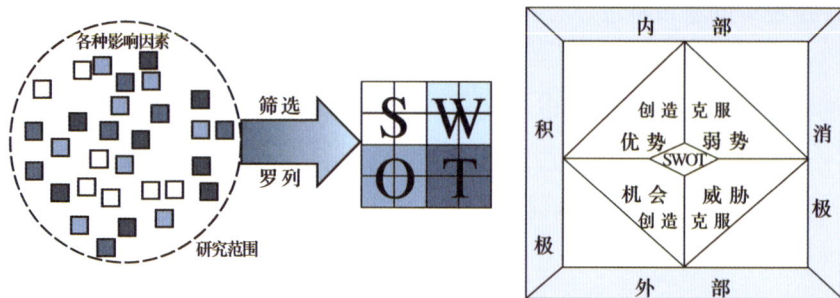

图 8-5 SWOT 分析模式图

运用SWOT分析法，从外部环境及内部环境影响因素两个角度出发，对研究范围内的各种影响进行调查，并将与研究对象密切相关的优势、弱势、机会和威胁四个方面的因素筛选罗列，然后按照一定逻辑关系排列组合构造SWOT矩阵，得出现状城市特色存在的问题及发展潜力，针对分析结论，为城市特色塑造制定一系列可供选择的对策。

（三）研究框架

针对目前我国城市设计实践中存在的主要问题，以加强成果的可操作性、引导公众参与为出发点，从而架构整体研究框架。

研究内容包括两个部分：对全区城市特色的基础性研究和对城市特色研究成果实施操作的研究（见图8-6）。

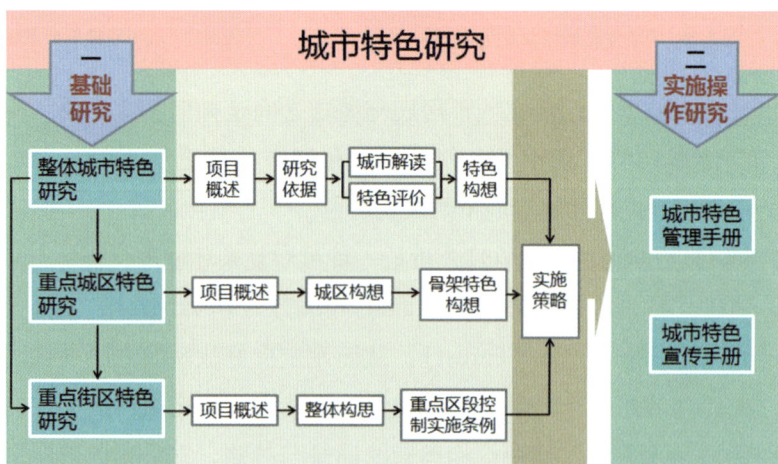

图 8-6 城市特色研究框架示意图

其中，对全区城市特色的基础性研究分以下三个层次进行：

（1）对整体城市风貌特色的研究。

（2）选取重点城区为研究对象，对城区风貌特色进行深入研究。

（3）选取重点街区为研究对象，对街区风貌特色进行深入的研究。

对城市特色研究成果实施操作的研究，是针对城市规划管理人员、开发商和市民大众，分别编制便于实施的操作性文件——《城市特色管理手册》《城市特色宣传手册》。

通过设计这样一个较为合理的工作框架，能较好地处理与城市规划及实施管理的衔接问题，并且将规划师、设计师、管理者、开发商、市民大众有机地组织到整个研究过程中，在一定程度上体现了城市设计框架的思想。

四、城市特色的研究层面划分

以往的城市特色研究采用的是通过对城市特色构成要素——开放空间、行为活动、建筑小品等进行系统设计编制导则，以达到城市特色的设计与控制，关注较多的是规划设计的编制。

为了使研究结论在引导城市特色建设中更具合理性、针对性和可操作性，我们建立了对城市特色重点区域进行重点控制、对非重点区域进行一般引导的设计概念。从"点、线、面"三维立体空间角度，提出"片区"（城市特色非重点区域）加"骨架"（风貌特色重点区域）的城市特色发展结构，从宏观（整体城市特色）、中观（典型城区）、微观（典型地段）三个层面，按照骨架区域重点控制、片区范围一般引导的原则，对用地性质、开放空间、绿化系统、建筑高度、建筑风格、街区色彩等几个方面对其编制控制导则，粗细结合，轻重缓急地展开对城市特色的保护、塑造、强化，使城市的灵魂深刻到人的心灵中。

（一）宏观层面——整体城市特色研究

整体城市特色研究是宏观层面上的研究，根据城市特色资源分区的结果，将特色资源特征同属一类型、分区主导特色相似、城区自然环境的契合特征相似并且在空间分布上相互毗邻的地区整合，从而划分特色分区，确定整体区域的城市特色骨架构想。

1. 整体城市特色研究框架

从区域研究的角度，用提问的方式搭建整体城市特色研究框架，通过前期研究（我们要做什么和怎样认识特色问题）、设计分析（城市有什么和城市有什么特色）、方案构想（未来的特色是什么和怎么做）三个阶段展开研究工作（见图8-7）。

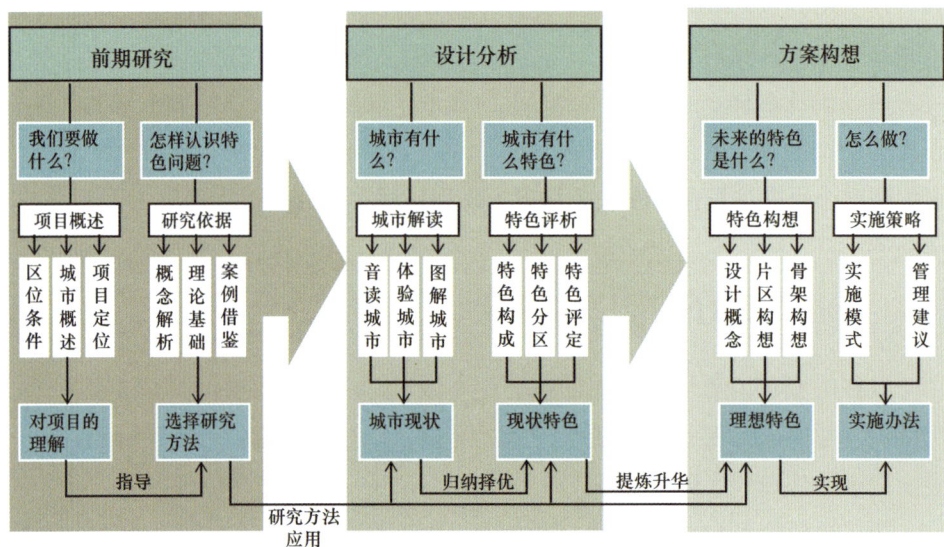

图 8-7　整体城市特色研究思路示意图

2. 城市特色评析

通过城市特色研究方法，对现状城市特色资源进行梳理、分析、评价，确定城市资源类型，分析其形成的机制与原因，剖析其存在的问题，为规划提供方向和解决思路。

（1）城市特色构成元素。城市特色的构成元素主要包括自然特色、空间特色和人文特色三个方面的内容。

第一，城市的自然特色。城市是一种特殊的地理环境，受地形地貌的影响最为明显，自然是人们搭建城市的基底，城市与自然的和谐，构成了中国所有城市最基础的特色。在自然因素当中，尤以山、水最为重要，"山城""水城""绿洲城"都是城市自然特色的写照。城市自然特色的体现，在于尊重自然，而不是压制自然。如济南的"一城山色半城荷"、常熟的"十里青山半入城"、福州的"三山两塔一条江"等，山、水、城的融合才具有永恒的魅力。自然特色可谓是城市特色的核心要素，是城市特色逐步演化的基础，也是未来城市应维护与发扬的核心价值。

第二，城市的空间特色。主要分析城镇整体的空间形态控制。城市的格局和形态肌理，在大地之上勾勒出千变万化的图案，是城市秉承和沿袭历史文脉、创造和实现自我价值的体现。具体表现在城市与周边环境之间的融合程度以及对应关系，城市开敞空间系统的组织方式、开发强度及区划、建筑风格及色彩、景观廊道系统及绿地建设等。

第三，城市人文特色。主要是指城市的历史文脉与人文精神。每个城市由于其地域、气候、风俗、人群等的不同，形成了各自独特的文化传统、空间肌理、建筑风格，蕴含了深厚的人文精神，厘清城市发展脉络，找出城市文化中的核心要素，我们不仅要延续城市的历史，还要创造城市的新文化，这是塑造城市个性的关键。

城市特色构成元素的结构关系，纵向层次按照由强到弱的影响程度划分为独立型构成元素和非独立型构成元素两类；横向层次按照整体到局部划分为大类、中类和小类三个层次（见图8-8）。

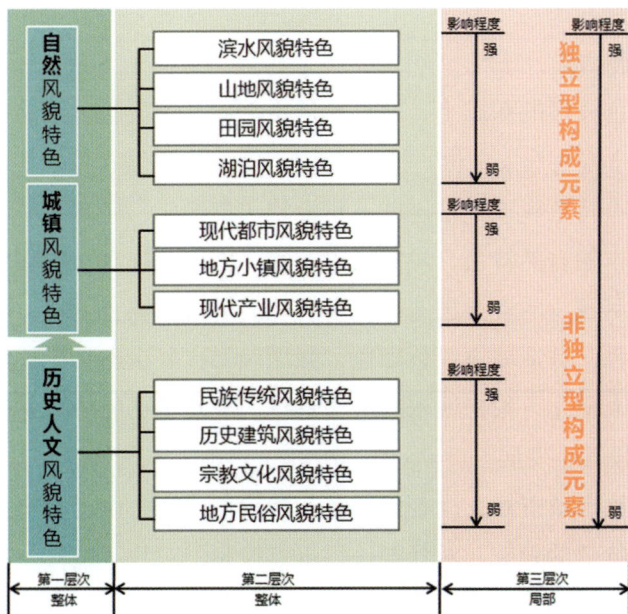

图 8-8　城市特色评析方法示意图

（2）城市特色分区。通过对城市特色资源进行一系列分析和评价，以自然元素、城市职能、人文特征为出发点，按照城市自然地貌、功能性质及名城保护的分区方法进行城市特色分区（见图8-9）。其中，独立型构成元素指导城市特色资源分区，决定城市整体城市特色资源的空间结构；非独立型构成元素以独立构成元素为媒介，并按其分区方法分区。

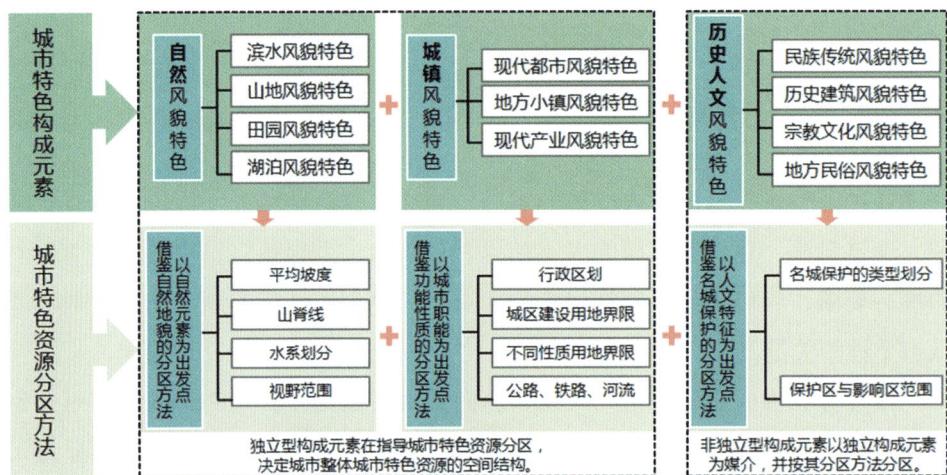

图 8-9 城市特色分区方法示意图

3. 特色发展结构

在城市特色分区的基础上，通过对城市形体环境的视觉形态分析和SWOT分析，确定城市特色形象定位，提出"片区+骨架"的城市特色发展结构，有针对性地引导城市特色建设，推进城市建设的"集约化、生态化和人文化"。集约化，依托城市的自然特色，发挥城市的集聚作用，提高土地利用率，推进城市紧凑化，以尽量少的资源创造尽量多的社会财富和综合效益。生态化，依托城市的空间特色，打造城市绿色廊道，强调确保良好生态和活动环境的高品质高容量建设。人文化，依托城市的人文特色，继承城市的历史文化，保证历史传承和城市建设共生发展。

首先，将整个城市划分成若干片区，然后在片区中确定城市特色的重点区域，架构城市特色的骨架，对骨架进行重点控制、对片区进行一般引导，有针对性地引导城市特色建设活动。

（1）片区。片区是指基于城市特色资源特征和城区单元同自然环境的契合结构特征，而划分出来的特色结构单元，是体现城市特色的背景，其空间形态呈面状。

在未来城市特色的塑造上，我们对片区采取一般性的弹性控制和引导原则，从强化其现有特色、改善其现状问题入手，提出城市特色整改目标和策略建议，从宏观上把握其发展趋势，使其为强化城市特色服务。

（2）骨架。骨架是指基于城市空间形态划分的，能够代表片区主导风貌特色的，并需要重点引导和控制的一系列结构单元所构成的整体。构成骨架的结构单元包括核、心、带、线，其空间形态呈块、带、线（见图8-10）。

在未来城市特色的塑造上，通过量化的指标等手段对骨架采取硬性控制和引导原则，从强化其现状城市特色入手，提出城市特色强化目标和设计导则，使其带动全区域城市特色的强化。

核是指在片区中，现状城市特色突出，并且已形成一定规模，拥有较好的基础设施和较为丰富、集中的特色资源，具备突出体现城市未来特色的潜质，需要重点引导和控制的地区，其空间形态呈块状。

心是指在片区中，现状城市特色较为突出，但是尚未形成规模，基础设施欠缺，较"核"而言，特色资源比较稀少、分散，经过重点引导和控制，能够体现城市未来特色的地区，其空间形态呈块状。

带是指由片区中具有主导方位感的自然元素所构成的，具有一定宽度的，可以体现城市自然风貌特色的带状区域，其空间形态呈带状。

线是指片区中可以感受城市特色的主要路径，其空间形态呈线状。

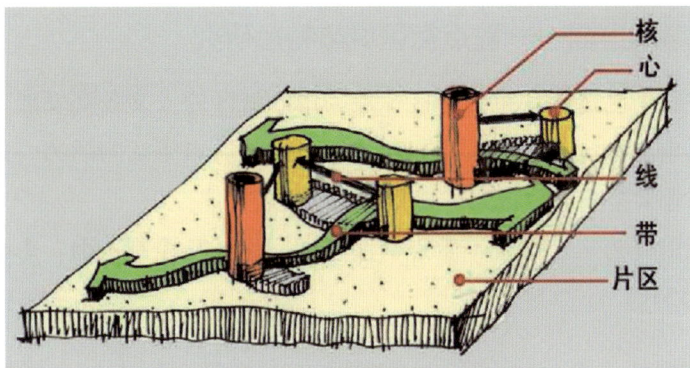

图 8-10　城市特色设计概念示意图

（二）中观层面——重点城区特色研究

重点城区特色研究以重点城区为研究范围，以上一层次研究确定的整体城市特色发展结构为指导，通过重点城区现有特色资源和现状特色问题的分析，确定重点城区特色主题，建立重点城区的城市特色骨架构想。

（1）片区构想。通过中心城区城市总体结构、交通网络布局、发展限制条件、水域、山林植被、历史遗迹、旅游景区等现状资源的分析和评价，一般基本确定中心城区由自然人文片区和城区人文片区构成，然后明确片区建设目标和发展策略（见图8-11）。

（2）骨架构想。在城区人文片区，结合现有的特色资源，通过景观轴线、视线走廊、城市界面及自然界面等的分析，确定核、心、带、线，提出城市人文片区骨架构想。城区人文片区的核一般为城区重点服务中心，心一般为城区次重点服务中心，带一般为生态绿带或活动蓝带，线为一般综合商业街或景观大道（见图8-12）。

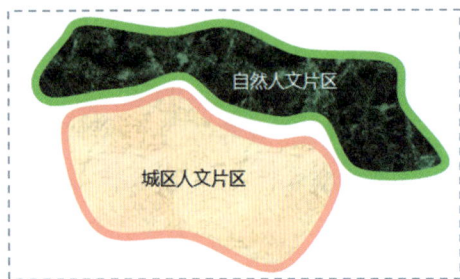

图 8-11　重点城区片区构想示意图

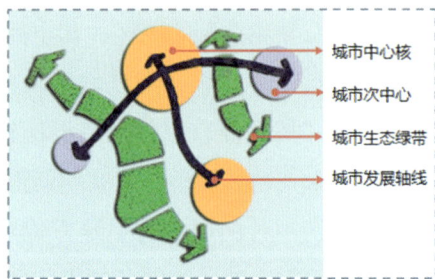

图 8-12　重点城区骨架构想示意图

（三）微观层面——重点街区城市特色研究

（1）重点街区选择。重点街区一般为中心城区的人文景观发展主轴线，从侧面体现了中心城区的现代都市风貌特色，反映城市生活与活力，因此选作中心城区特色骨架之一进行研究，具有一定的代表性。

研究范围分为三个层次：重点街区范围、设计及控制范围、影响及引导范围（见图8-13）。

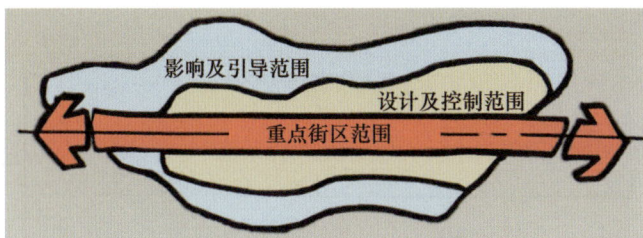

图 8-13　重点区域范围控制分析图

（2）重点街区特色研究。根据重点街区现状特色与周边用地开发潜力分析和评价，对街区特色做出整体构想，在此基础上制定街道区段、核、门户区、节点的特色指引。

重点街区特色研究，在横向上，将街道特色控制系统及元素构成分为景观视觉体系及其元素、开放空间与公共活动及其元素、建筑环境设施系统及其元素三个方面（见图8-14）；在纵向上，分为重点街道特色整体构想和分段控制两个层次（见图8-15）。

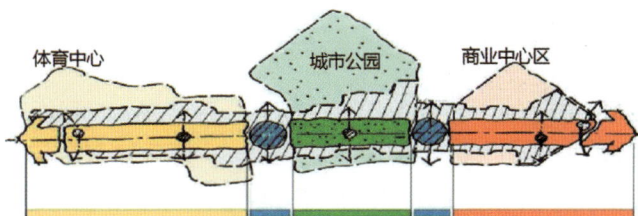

图 8-14　横向空间结构模式分析图

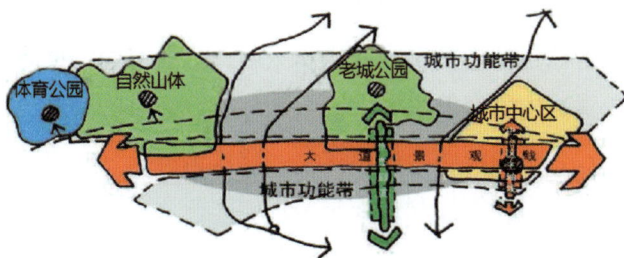

图 8-15　纵向空间结构模式分析图

（3）控制与实施。在重点街区城市特色控制导则的编制中，分为区段控制导则和重点地块控制导则两个层次（见图8-16）。

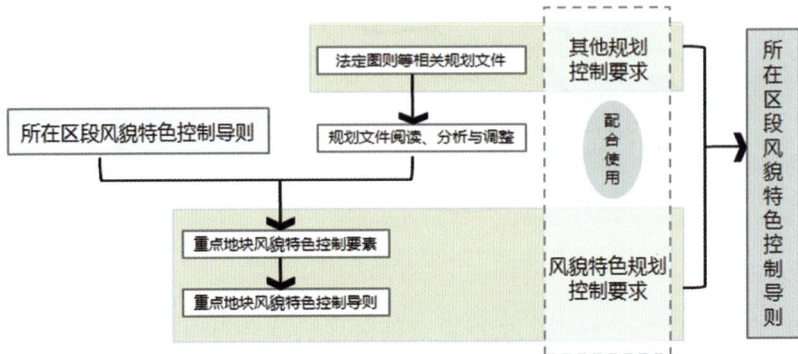

图 8-16 重点地块控制导则编制流程图

区段控制导则。结合街道的现状空间结构，不同的区段，在门户形象区、公园广场节点、路口节点、街道墙界面等四个特色构成主题要素上进行控制，体现不同的城市人文风貌特色。

重点地块控制导则。在区段定位的指导下，通过对地块临侧视廊、公共活动路径和街区中心绿地的分析控制地块容积率、建筑高度，形成良好空间层次，地块内外景观视线、人行活动联系得到加强，实现土地使用的均好性，使地块内部的土地开发潜力得到提升。

五、基于城市特色的城市设计新途径

城市特色的研究可分为宏观层次、中观层次、微观层次。宏观层次研究的主要要素包括城市形态、城市空间结构、城市天际线、城市色彩系统。中观层次研究的主要要素则包括街道空间、滨水空间、广场空间、标志建筑、历史街区等五类，而微观层次研究的主要要素则是环境细节中的具体物质，主要包括建筑附属物、广告、夜间照明、环卫设施、绿化植被、标示系统等。城市特色的研究对于城市设计具有指导及借鉴意义，因此城市设计也应从以下几个层面进行：

（一）宏观层面——城市整体设计

（1）山水结合的城市整体形态。对城市形态的控制，应从优化城市整体形态系统角度出发，构建其合理的形式，确保其拥有良好的构成关系。应着重分析城市所依赖的自然地形地貌以及现状三维形体所具有的特征，同时也要解读城市总体规划以及相应规划对土地使用的要求，在此基础上对城市的形体进行分区，进行高度控制，并对重点地段的城市形态进行引导。

城市的整体形态一般要依托现有的地形地貌、根据平原、丘陵、山地不同的地形特征，构建符合其城市特色及空间条件的整体形态。而自然地形和人工环境的完美结合，往往是形成强烈城市特色的基石，特别是山体及水体对城市的风貌影响较为突出，因此在城市设计中应当将地形地貌作为重要因素进行考虑（见图8-17）。

图 8-17　佛罗伦萨山水结合的城市风貌特征

小城镇沿山地地区或者滨河地区，具有开阔的视野，是展示城市形体特色的重要场所，山体背景更是组成城市形体的要素，城市设计应对重点地段的建筑高度、建筑排布组合、建筑形式、绿化布置等方面提出基本的建设原则（见图8-18）。同时，这些城市的重要空间如特定广场、道路、绿地等也是这一层面形态引导应考虑的重点地段。

（2）多样而统一的城市风貌分区。凯文·林奇在《城市意向》一书中曾指出：理想城市形式应该为"每一部分都不同，你完全可以说出自己在何处"。城市特色风貌分区是对城市内部不同的面进行结构划分并提出相应的规划建设指导。对小城镇城市特色的分区，可以从建筑特色的角度进行划分，如马泰拉的特色窑洞建筑区等，也可以按照相应的城市功能进行划分，如滨水区、现代工业区等，分区应力求在特色定位的基础上多样统一（见8-19）。

图 8-18　阿尔卑斯山下的瑞士温根小镇

图 8-19　马泰拉的特色窑洞建筑区

（3）历史人文与景观特色凸显的城市轴线。小城镇的城市设计应借鉴大城市城市设计相关经验，在城市设计宏观层面应提出凸显城市特色的重要轴线，包括具有明显方向性的城市特色路线和联系城市特色单元的视觉通廊，一般分为人文特色轴线和特色生态特征轴线，人文特色轴线要重点突出人文要素集聚的历史文化，特色生态轴线则要凸显自然要素聚集的景观特色（见图8-20和图8-21）。

图 8-20　陕西略阳县滨水城市景观轴线

图 8-21　遂宁河东新区滨水景观轴线

（4）人气集聚的标志建筑及特色场所空间。城市标志主要由城市建筑物、建筑群体组合及特色场所空间所构成，其具有独特性、文化性及特殊性，城市标志建筑应结合城市未来的发展综合确定，应做到容易被大众所接受和认可，并需要一定的开敞空间，便于人气的汇聚和活动的开展（见图8-22）。

图 8-22　锡耶纳田野广场上的标志建筑

　　城市特色场所主要是指具有城市特色的一些视觉开阔的开敞空间，它们往往承载着多种城市功能，具有传播文化、提供社会交流、融合自然等多种属性，并承担交通、游憩、观赏、生态等多种职能，小城镇的城市设计应从利于人们的使用角度出发，进一步丰富城市特色空间的在城市中的属性与功能（见图8-23~图8-25）。

图 8-23　锡耶纳田野广场上举行的赛马会（1）

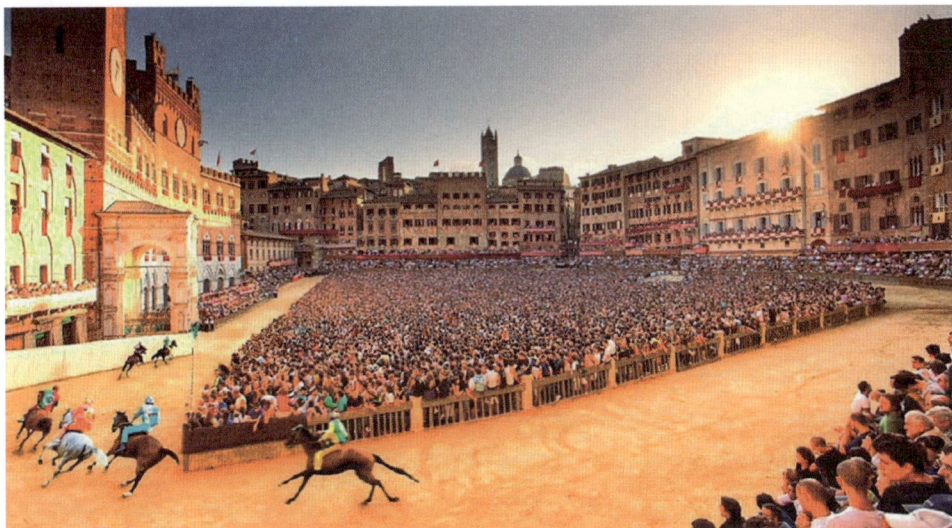

图 8-24　锡耶纳田野广场上举行的赛马会（2）

图 8-25　锡耶纳田野广场上休憩的游人

（5）融合自然景观的城市天际线。小城镇的天际线应与自然景观相结合，充分利用山体背景或水体作为丰富城市天际线的重要手段，突出城市天际线与自然景观融合的特色（见图8-26）。城市的天际线随着人们眺望城市的不同位置而不同，它往往是在城市重要开场空间中远眺城市所形成的，对城市天际线的引导首先就是要明确这类开敞空间的位置，应分析对现有天际线有重要影响的人工要素和自然要素，进而确定未来城市天际线的独特形式，根据体现自然景观以及形式美的原则对城市天际线，提出城市设计的要求，引导重要地区的建筑高度。

图 8-26　佛罗伦萨以山为背景的城市天际线

（6）凸显个性的城市色彩体系。城市设计应在现有城市自然环境中固有的地域色彩基础上，制定相应的城市色彩营造目标，对未来小城镇所应遵从的城市色彩体系进行合理规划，其中包括主要色彩体系、辅助色彩体系和点缀色彩体系（见图8-27~图8-29）。主要色彩体系是指城市建筑物、墙体、屋顶等占有建筑主要面积的元素所应遵从的色彩体系。辅助色彩体系是指建筑中占有面积较小，起程托作用的色彩。点缀色彩体系则是指在主色和辅助色基础上对建筑色彩起丰富和加强作用的色彩。

图 8-27　希腊圣托里尼·伊亚镇以蓝白色为主的城市色彩

图 8-28　意大利威尼斯附近的色彩岛

图 8-29　意大利五渔村的色彩丰富的建筑

（二）中观层面——城市重要地段设计

中观层面是在宏观层面确定的城市整体形态引导的基础上，通过重要地段城市设计来营造城市特色，中观层面将借鉴凯文·林奇提出的城市意向五要素，从街道空间、滨水空间、广场空间、标志建筑、历史街区等五个方面进行小城镇城市特色的城市设计的引导。

1. 个性特征突出的城市街道

街道空间是由道路以及周边建筑，环境背景所共同构成的城市空间，它是人们认知城市的主要场所，也是联系其他特色要素的纽带。在我国，由于地块的面积较大，因而使得主要街道往往承载了城市商业、办公等众多的公众活动职能，街道空间及功能的同质化，导致城市特色的不明显。

因此，基于特色塑造要求和空间识别的要求，突出街道的个性特征体现城市特色的城市设计的重要性不言而喻。一般来说，具有生活性质的小城镇街道应有亲切、宜人的尺度空间，注重对环境小品、铺地等能与人发生亲密接触的设施进行引导（见图8-30）。而具有交通性质功能的街道则需具有大气规整的个性特征，对其的引导则应重视对整体空间尺度的控制和街道界面的引导（见图8-31）。

图 8-30　个性鲜明、集聚人气的威尼斯城市街道

图 8-31　锡耶纳独具风情的城市街道

　　城市街道的设计要注重街道本身的空间组织，通过灌木、乔木、低层建筑、高层建筑的空间组织，构筑具有良好景深的虚实层次关系，避免过于单

一的界面给道路景观造成单调的效果。另外，对小城镇城市街道的设计应关注人们在不同速度下对街道的感受，车行速度下往往感受的是大体量的建筑形体轮廓，而步行速度下感受的是临街建筑界面的特征，设计可以通过对街道绿化，临街裙房，后退高层等不同层次下的要素的设计安排，创造良好的道路景观。

2. 令人渴望的城市滨水空间

城市滨水区是构成城市公共开放空间的重要部分，并且是城市公共开放空间中兼具自然地景和人工景观的区域，其对于城市的意义尤为独特和重要。水体环境周围所具有的自然生态系统是城市人工环境空间中最稀缺的资源，而当前对于自然生态要素的渴求是城市中人们普遍的意愿，这使得它成为城市特色的重要组成要素，能产生广泛的审美体验。伏尔塔瓦河穿城而过的克鲁姆洛夫小镇，是城市滨水区的典型代表（见图8-32和图8-33）。对于小城镇的城市设计也应抓住滨水区所蕴含的巨大价值，利用滨水空间充分展示城市的特色风貌。

图 8-32　伏尔塔瓦河穿城而过的克鲁姆洛夫小镇

图 8-33　捷克的克鲁姆洛夫小镇伏尔塔瓦河两岸

（1）堤岸形式。滨水区的堤岸形式决定着游人活动与水体之间的直接关系，滨水区的堤岸形式会影响到人与水体的交流及行为活动。对于大面积的硬质堤岸，一般可以采用透水性铺面材料来吸收地表径流，既满足生态平衡的需要，又能为人从触觉和视觉方面所感知，使人产生更加丰富的感受。同时，在防洪允许的承载力范围内，尽量多用天然植被，尽可能减少人工铺面，扩大城市绿地覆盖面（见图8-34和图8-35）。从适应水体特征出发，可以在驳岸依次分配、陆生植被景观、半湿地植被景观、湿地植被景观和水生植被景观等形成丰富立体生态景观体系。

图 8-34　法国拉翁莱塔普镇默尔特河河岸形式（1）

图 8-35　法国拉翁莱塔普镇默尔特河河岸形式（2）

（2）水岸空间尺度。水岸空间尺度是指水体本身、水岸开场空间以及水岸周边建筑三者之间的空间尺度关系。不适合的尺度往往造成水景的贫弱无力或城市人工环境的过于渺小，对于小城镇滨水区的城市设计，应合理控制水岸的空间尺度，为饱览城市全景、构成对景、丰富天际轮廓线提供宽广的视觉区域（见图8-36和图8-37）。

图 8-36　德国巴伐利亚州帕绍县滨河城市空间

图8-37　挪威西部城市卑尔根的滨水城市空间

3.主题明确、空间舒适的广场空间

一般来说，小城镇的广场空间具有休闲、办事、游憩、购物、社交、游览等多种功能，是人们建立环境意向的重要场所。广场往往是城市特色元素聚集的场所，一般会成为具有代表性的城市空间。意大利锡耶纳的田野广场、威尼斯的圣马可广场等都是这些城市标志性的公共空间。

（1）突出广场主题。城市的广场是人们进行多种多样活动的主要场所，承担着城市交通、游憩、交往等多种职能。广场的主题是某一占据主导地位的属性和职能。对小城镇城市广场的设计应从组成广场的各个要素入手凸显其主题，使其特色得到最大程度的体现，如一个休憩娱乐的广场，其主要的环境色调就应是暖色，同时广场也应配置具有足够数量供人休息的座椅、相关的娱乐活动设施，从各个方面体现场所的主题。

（2）营造舒适的空间。广场是城市中重要的公共空间，其环境的舒适对人们进行相关活动具有重要的意义。我国一些小城镇的城市广场，只见"广"与"畅"，尺度过于宏大，难以营造让人驻留活动的舒适空间，可谓舍本逐末。

因此，对于小城镇城市广场的设计还是应基于宜人的空间尺度及当地的自然特征，提升城市广场的舒适性、人与空间的互动，增加城市广场的地域特色（见图8-38和图8-39）。

图 8-38　威尼斯圣马可广场上休憩的游客

图 8-39　威尼斯圣马可广场上喂鸽子的游客

4. 具有象征意义、易于感知的标志建筑

标志建筑是指在环境中具有突出视觉感官体验的建筑物，相比其他城市标志如雕塑、特定构筑物，它具有更加明显的体量优势，易于成为人们进行城市活动时的重要的空间参考点，是城市标志中最重要的组成部分。对于城市居民方向的辨别具有指导作用，其形象经常被人所关注，其对城市特色具有巨大的影响，一般为城市特色的典型代表。标志建筑在其周边环境中具有唯一性和特殊性，且具有清晰的形式或者占据突出的空间位置，而相应作为它背景的空间环境也具有相同的风貌，从而使其特征更加凸显（见图8-40~图8-42）。

对于城市现状中已有的标志，需要对其空间背景做出相应的引导，以便更加利于其特性的体现，而对于新城建设中还没有标志的建筑地区，城市设计应在宏观层面所明确的标志位置以及类型的基础上，对周边的场地环境以及建筑高度体量、色彩、材质等给出相应的建设意见和标准。

图 8-40　锡耶纳的标志建筑大教堂

图 8-41　锡耶纳的标志建筑大教堂夜景

图 8-42　挪威西部城市卑尔根的传统老旧木屋建筑

（1）营造建筑象征意义。优秀的标志性建筑往往具有一定的象征意义，能够引起人们丰富的联想与情感上的反应。如锡耶纳的大教堂，采用三段式的哥特式典型建筑形式，充分体现了宗教建筑的意蕴，而它建造所使用的石材经过上千年的雕刻，又充分展示其时间给予它的烙印。对于小城镇标志建筑的引导要提出其应当传达的象征意义，在此基础上对建筑体量，立面形势、材质色彩等给出相应的建议。

（2）营造易于感知的场所。标志建筑不仅需要具有良好的形式，另外，标志建筑应该营造一个易于被人感知的场所空间，让其在周边环境的配合上显现出来。就其与周边空间的关系来说，可以通过周边建筑的退让或高度等的变化以及建立必要的视线开场空间引导人们的观察视线，强化标志建筑的视觉中心地位。例如，威尼斯的安康圣母教堂，周边建筑的高度普遍较低，从而使得安康圣母教堂给人的感觉是异常的突出雄伟（见图8-43）。

图 8-43　威尼斯的安康圣母教堂

5. 历史文脉延续的历史街区

历史街区是指那些在自然环境、人工环境和人文环境等诸多方面，充分体现着城市的历史特色和景观意象的地区，它是城市历史活的见证，也是反映社会生活和文化多样性的重要地区（见图8-44和图8-45）。历史街区在城市发展中起着重要的作用，它在城市漫长建设中不断调整变化，充满了生命力，也往往是城市文化旅游中最吸引人的场所。对于小城镇历史街区的城市设计应以保护为主，应制订系统全面的相关保护规划，适当进行相关城市设计的引导。

图 8-44　世界文化遗产小城马泰拉城市街道

图 8-45　世界文化遗产小城马泰拉

　　另外，在历史地段的保护更新中，应注重人的综合感受，而不能只注重人的视觉感受，强调以"人"为中心的"存在空间"，强调的带有地域性的"地点"，而不是一般意义的空间，强调人通过综合知觉，而不是单一视觉对环境的感受，其对历史地段的改造更新实践具有特别重要的意义，而对历史地段的设计也应从更复杂的地域历史脉络出发，营造具有积极场所感的环境风貌，而不是简单的复制拼贴。

（三）微观层面——城市环境细节设计

微观层面的物质要素存在于空间环境中的细节部分，主要由各类环境设施要素组成。这里以管理权属的不同将这类要素大致划分为建筑附属物、广告、绿化植被、标示系统、夜景照明和环卫设施等。

（1）建筑附属物。建筑附属物主要是指建筑物上的特定功能的构筑物，如为街道设置的雨篷、装饰构建、相应的建筑设备等。杂乱无章的建筑附属物，往往是对街道界面景观的巨大破坏，而有序统一的建筑附属物则能够成为人们体验城市特色的重要物质载体，甚至能够代表城市特定的文化内涵。美国伍德布里奇村设立的《伍德布里奇乡村协会规范》就对其社区建筑的诸多细节进行了详尽细致的规定，从环境的一切细节保证了一个极高品质的社区。

（2）广告。广告主要是指存在于城市环境中的各类实体宣传信息，包括大型的户外广告、建筑立面广告、张贴广告等。现代城市街道，往往被铺天盖地的各类广告牌所淹没，给城市景观环境带来很大的不良影响。对于广告要素合适的引导，往往能加强整体环境的特征，起到锦上添花的效果。不同店面既要满足城市设计基本引导的要求，又应基于自己的特色，创新制作招牌，从而使得店面的招牌实现多样与统一相结合（见图8-46和图8-47）。

图 8-46　佛罗伦萨金街商铺

图 8-47　威尼斯街头餐馆、商铺

（3）绿化植被。绿化植被主要是指城市行道树以及花坛、花卉等美化环境的绿化小品。城市绿化是城市景观的重要组成部分，也是城市生态调节的重要因素，良好的街道绿化往往能有效地提升街区景观的品质（见图8-48）。城市绿化要充分考虑当地气候条件、地方特点、道路性质与交通功能以及道路环境与建筑特点等方面的要求，把绿化作为环境整体的一部分加以考虑。如生活性道路与交通性道路，由于主要功能不同，道路尺度不同，因此它们的绿化树木在高度、树形、种植方式上也应有所不同。生活性道路往往可以采用落叶乔木，其树木分枝点距地面的高度往往可以较低，形成亲密而富有变化的道路景观，而交通性干道的树木往往采用常绿乔木，其树冠也要求相应较高，以防止周边建筑给车辆带来的眩光。

（4）标志系统。标示是对公共场所的指示，包括指示城市交通、城市广场、商业场所、社区的标牌、信息牌等。清晰合理的标示系统，不仅可以使人立刻明辨自身在城市地图中的位置，加强现代城市的运行效率，同时优秀的标示设计也能成为地区特征的反映，建立人们对场所的认同感。加拿大多伦多的PATH地下城专门制定了一套标识设计的规则，其中甚至有对不同类型的字体、粗细、大小的说明和指引，统一规划并设计了标识系统（见图8-49）。

图 8-48　锡耶纳街头的城市绿化

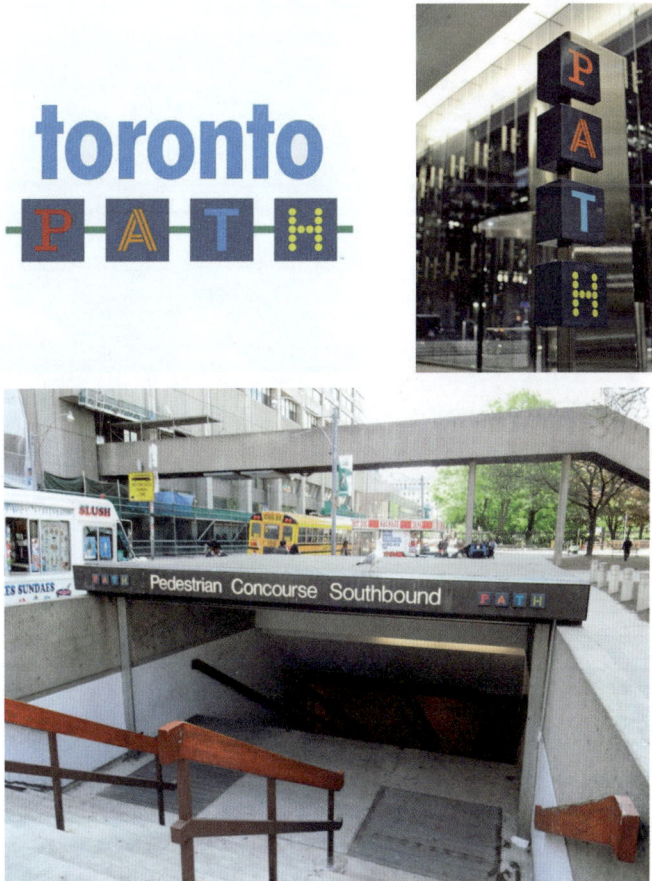

图 8-49　加拿大多伦多 PATH 地下城标志系统

（5）夜景照明。夜景照明主要是指夜间对城市建筑物以及公共空间、街道空间的照明体系。随着现代城市生活的节奏加快，市民休闲娱乐活动逐渐在夜间进行，因而夜间城市的景观照明就对城市特色的营造作用日益增大。意大利古城镇马泰拉具有丰富而绚烂的夜景，便成为其城市特色的典型代表（见图8-50）。对小城镇城市夜景的城市设计引导，应以不同的方式来体现不同公共空间在夜间的功能，如大型聚集、休闲散步、户外餐饮、节庆汇演和各自的景观特色及夜间的魅力，营造出缤纷璀璨、丰富多彩的整体城市夜景。

图8-50 意大利古城镇马泰拉丰富而绚烂的城市夜景

（6）环卫设施。环卫设施主要包括城市环境中的垃圾收集设施、座椅、电话亭等，它是环境整洁与舒适的重要保证，而由于其与人们接触使用的频率高，其独特的形式往往容易引起人们的注意。环境设施的形式应同地段的特色吻合，从而使人更加容易体会到地段的特色，如在历史文化地段，环境设施一般以石材或者木材为主，形式则可以运用传统的符号元素，而在现代办公街区，则应以金属材质为主，运用新颖独特的造型，体现地段的特点，在自然生态的环境中则环卫设施往往会体量较小，同时以木质材质为主，造型简洁从而与自然环境融为一体（见图8-51和图8-52）。

图 8-51　街头环卫设施（1）

图 8-52　街头环卫设施（2）

六、实施操作模式探讨

在城市设计的实施操作层面，应该借鉴国外城市设计的实践经验，如澳大利亚墨尔本市《城市设计之政府管理手册》和《城市设计之政府宣传手册》等，结合中国的具体情况，探索基于城市特色的城市设计成果实施操作模式。

首先，可以通过编制《城市特色管理手册》来衔接城市的开发建设与规划设计控制，达到便于实施操作的目的。另外，还可编制《城市特色宣传手册》来架起政府与市民大众沟通的桥梁，达到引导公众参与的目的，这种自上而下加自下而上的"双向互动式"的实施模式使得研究成果能够为城市的发展建设提供具体的指导方针，并将这些指导方针纳入到引导决策、监控和公众参与的进程中。

（一）城市特色管理手册

管理手册是针对整体城市、重点城区、重点街区的城市特色的发展构想、实施目标及控制导则等有关实施建议的内容，进行统一编排，并建议将其以附录的形式在规划条例中进行列示，与之共同构成开发控制要求，以期能在项目论证、审批、评价时能提供一定的约束及评价标准。这样既能维护按照法律程序审批过的规划设计的法律地位和效力，同时又使研究成果能确实地为城市建设服务。

1. 目的和意义

《城市特色管理手册》是供城市规划管理部门使用的，具有清晰直观、简单实用的特点，它作为一种操作的工具，是解决城市开发与规划控制矛盾的手段之一，使得城市特色研究成果更加便于实施，是指导城市建设和开发的管理性文件。

本手册作为城市特色规划成果的一部分，虽不具备法律效力，但可以成为管理者制定城市特色相关条例的基础，将成为城市规划管理部门对城市建设项目的审批与管理的工作手册，以期对城市特色建设起到积极的作用。

2. 对象和范围

本手册主要针对的使用对象是城市规划的管理者，而管理的对象主要是建设开发的单位与个人。

本手册使用范围在地域上涵盖了整个市域。在这个范围内，凡是涉及城市特色的任何建设和改造活动都应参考本手册的规定。

3. 主要内容

本手册的内容主要包括三个部分的城市特色管理内容，一是整体城市特色的实施管理，二是重点城区城市特色的实施管理，三是重点街区及周边地区城市特色的实施管理。

每个部分都包括基础资料和实施建议两个部分。其中基础资料是介绍性的文件，交代现状和总体构想的内容；实施建议是控制性文件，规定具体的控制范围和控制内容。

4. 使用步骤

第一步，开发项目经审批获得选址意见书，确认待开发地块。

第二步，在整体城市特色层次上，了解特色资源现状，若地块在核心带线的范围内，需摘录特色骨架实施建议表中的"预期特色"和"导则"；若地块不在核心带线的范围内，需摘录特色片区实施建议表中的"目标"和"策略"。

第三步，在城区层次上，了解特色资源现状，若地块在核心带线的范围内，需摘录特色骨架实施建议表中的"预期特色"和"导则"；若地块不在核心带线的范围内，需摘录特色片区实施建议表中的"目标"和"策略"。

第四步，在街区层次上，了解特色资源现状，若地块在重点街区范围内，需摘录特色重点塑造地块的实施建议表中的"预期特色"和"导则"；若地块不在重点街区范围内，需摘录特色区段实施建议表中的"目标"和"策略"。

第五步，在填完《开发用地城市特色实施建议汇总表》的"整体城市特色实施建议、城区级城市特色实施建议、地段级城市特色实施建议"三项之后，交由规划审批部门，验核盖章，相关负责人签字确认。

第六部，将验核盖章的《开发用地城市特色实施建议汇总表》作为建设用地规划许可证的附录，交由开发者，以条文规定的形式指导开发项目的设计和审批，进而实现城市特色的构想。

（二）城市特色宣传手册

宣传手册向城市的使用者宣传、介绍城市特色，以帮助居民更好地了解、保护和爱护自己所居住的环境景观和特色，投资者和游客能全面了解城市的魅力，这样有助于他们对城市做出客观、理性的评价。同时，也期望该手册成为政府和市民大众之间沟通的媒介，确保城市特色建设工作的一致性、透明性和可预见性，增强公众对政府的信任，提高市民的规划素质修养及管理者的管理意识，最终达到保护城市特色提升城市形象的目的。

1. 目的和意义

本手册是供市民大众、投资者及管理者使用的，具有通俗易懂、美观活泼的特点，是为了宣传城市风貌特色、吸引投资、发展旅游事业、塑造城市形象、加强公众参与及提高管理者管理意识的公示性文件。

实施本手册的目的是形成双向互动式的实施模式。

2. 主要内容

本手册使用通俗易懂的语言、美观活泼的图示，以对城市特色的概念理解为起点，解释为什么加强城市特色，从自然风貌、城区风貌、历史人文风貌三个方面介绍城市特色潜质，并向人们展示未来城市风貌特色，同时帮助人们了解加强城市特色能给自己带来什么，号召市民大众保护特色、创造特色，吸引游客、投资者和各界人士关注城市、建设城市。

3. 加强城市特色的意义

假如你是市民大众，城市的整体环境质量得到改善，城市的历史文化传统得到延续，创造了识别性强、具有归属感的居住环境，创造了宜人的场所和富有个性的空间，组织并丰富各种社会活动，最终达到改善生活质量，促进城市发展的目的，同时还有助于增强市民对城市特色的自豪感，加强市民的凝聚力和主人翁意识，提高市民的整体素质和修养。

假如你是游客，城市特色的塑造，迎合了21世纪旅游返璞归真、拥抱自然的潮流。通过加强城市特色，创造优美的城市环境，使城市更富有地域特色、现代特色和历史文化特色，给游客创造更好的旅行环境，并留下更加精彩而深刻的印象。

假如你是投资者，通过塑造城市特色，强化城市自身优势，提高城市的知名度和吸引力，从而提升和丰富城市形象。而良好的城市形象能够促进资本信息的集聚、吸引人才回流，增强市场竞争力，从而形成良好的投资环境，吸引更多渠道的资金参与到城市的建设中来，相应地就会推动劳动力就业、环境改造、社会保障等相关产业的发展，形成良好的经济环境，进而为投资者提供更多的选择机会和广阔的发展空间。

假如你是管理者，通过对城市特色的建设，改善城市投资环境和旅游环境，增加城市吸引力，使其能够在招商引资过程中发挥积极的促进作用，使得城市积极有效地带动区域经济的协调发展。同时，城市形象的提升能够增强公众对政府的信任，树立政府的良好形象，从而促进城市整体的政治、经济、文化协调发展，最终达到促进城市良性发展目的。

4. 加强城市特色的措施

假如你是市民大众，首先应认知自己所生活的城市的自然特色，以特色为荣，热爱特色，并积极有责任感地投身于城市建设和环境保护中，以自己力所能及的实际行动来保护城市特色，创造城市特色。

假如你是游客，应在感知城市特色的同时，要避免破坏城市特色，尽力保护城市的自然环境和人文环境。

假如你是投资者，应在获得经济利益的同时，绝不能抛弃城市特色而不顾。要避免盲目效仿的开发行为，注重本土特色，充分挖掘并利用本土各类资源，考虑生态效益，以合理的开发计划和开发战略为指导进行文明开发、建设，以最小的开发代价换取最大的经济效益，协调城市的社会、经济、环境、生态等综合效益。

假如你是管理者，首先应对城市风貌特色建设给予高度重视，做到充分的理解，并且要有正确的指导思想，其次应充分考虑人民群众的利益，做到决策科学化、民主化，严格按照规划来建设城市。

第九章　结语

　　建设美好的城镇形象，是人类从古至今孜孜不倦追求的目标，从柏拉图的《理想国》到19世纪奥斯曼对巴黎的改造，从美国的"城镇美化运动"到霍华德的"花园城镇"，无不充满了人类对美好城镇形态的执着追求（见图9-1和图9-2）。

图 9-1　古朴的城镇

图 9-2　安宁的城镇

中国中小城镇的特色缺失，是一个文化融合时代下的普遍现象。我们的民族向来是包容的，并不在乎究竟是谁在土地上大动干戈，只要是具有传统韵味的，真实而具有责任感的建筑，我们都可以纳入怀中。这未尝不是一种好的方式，因为在技术更为发达的先进国家的建筑师们或许比我们更有可能解决问题：就像旗袍已经成为我们的民族服饰，各种重大场合礼仪们均身着旗袍，然而这种服饰确实是异族统治下的结果。文化的融合并不能毁灭一种文化，建筑的多元化也并不是消灭我国传统文化的凶手。

在中国，虽然对城镇特色和风貌的塑造有了一定的研究，并取得了阶段性的成果，对扩大城镇影响力、提高城镇综合竞争力的作用都具有建设性的作用，然而这些作用往往难以真正给人以启迪。从城镇形象设计的角度，尤其是从建筑设计、景观规划的角度对城镇特色的构成进行研究，也使得城镇特色与城镇风貌的塑造转向对人的关注，将城镇看作是凝聚人类创造天赋和智慧结晶的容器进行塑造，未来的道路还会很长。对中小城镇而言，城镇特色与城镇风貌的塑造在每一个历史时期都会有不同的侧重，而对于现阶段的中国中小城镇的特色塑造来说，则更需要对城镇特色塑造方法的研究，以及规则的制定。由城镇经济、特色、文化、政治、空间环境、自然资源等构成的综合体，是凝聚了人类生活行为的场所，正确构建中小城镇的城镇特色及城镇风貌时，应该建立在对城镇历史文化的正确认知的基础之上，挖掘城镇特色的非物质精神文化以及潜在因素（见图9-3）。

图9-3 塑造有文化内涵的城镇精神

民族情感、文化情感应回归城镇与建筑的主题。这种回归并不是着力复制与重现古典建筑的形式，传统文化并不是复古，而是应该包含了吸收外来文明的文化集合，并表达发展的过程，重点应在于处理外来文明与传统文化之间的关系。我们不必重现古代木结构建筑的外观，反而应该尽其所能将其改进，但是所谓承载的传统文化，应该通过历史建筑中的某些形式感以象征和隐喻的手法加以表现。现代的中国人总是视风水之说为迷信，如果这样，那么北京从故宫到四合院无不是迷信的产物。按照风水学的肌理排布的整个北京城，才是一个有生命的肌体。其中建筑的方位、秩序，都不是简单地随意排布，其中所包含的设计方法，都是由易经演变而来的，涵盖了中国人汲取自然的生命哲学。

对于建筑所传承的传统文化，我们必须进入传统文化的内核，参照这一语言，并理解其文化意蕴和美学精神，即从何而来、往何而去的哲学思想并延续它，使我们的历史文化沿着应有的秩序依附于建筑向前发展（见图9-4）。对于城镇中随处可见的怪异建筑，有很多是追求西方潮流模仿而成的。西方建筑的标准确实是先进的，而中国建筑并不一定要拿来作为标准。在设计的时候，我们总在寻找依据，现在，或者未来将中国传统文化作为创作或评价的依据也未尝不可，因为我们的建筑已经将这种思想传承了上千年，并使其真正成为属于我们自己文化的生命根基。

图 9-4　继承并发扬我们的传统

城镇是不断发展变化的，这将是一个长久的、不间断的过程，而一个城镇的形态、内涵、定位都有可能在这一过程中发生改变。对古老文化的传承，并不是要完全再现古建筑的每个结构、部件，在这样一个现代化的都镇中，如果真的全部都是飞檐砖墙的古建筑是不正常的，对于文化的解读，不应该是其形式的外在体现，而应是内涵的、精神的，即取决于人的反应。一个人在走进这个建筑，或一组建筑群落的时候，应该能够感受到它们所要表达的语言。就像人们走进故宫，站在太和殿的台阶上时，一定会从内心升腾出自豪感与敬畏感，会感受到这片土地的伟大以及历史的沉淀，会看到时间流过的痕迹。

城镇特色的塑造是全球一体化以及文化趋同化时代的要求，更是城镇获得新鲜发展动力的基础需要。而基于城镇设计的城镇特色及风貌塑造是有效解决这一问题的方法之一，明确中小城镇在中国城镇结构中的地位及性质是更好研究、实施对城镇特色及风貌塑造的前提和基础。建立在人与人、人与自然之间的城镇特色及风貌，是城镇未来可持续发展的动力；是延续城镇历史文化、建筑遗产、地域特色的载体；更是我们需要不断探索、研究的方向。

参考文献

[1] (美)E. D. 培根, 等. 城市设计[M]. 黄富厢, 朱琪, 译. 北京: 建筑工业出版社, 1989.

[2] (俄)O. H. 普鲁金. 建筑与历史环境[M]. 韩林飞, 译. 北京: 社会科学文献出版社, 1997.

[3] (日)黑川纪章. 黑川纪章——城市设计的思想与手法[M]. 北京: 中国建筑工业出版社, 2004.

[4] (德)R. 克里尔. 城市空间[M]. 钟山, 等, 译. 上海: 同济大学出版社, 1991.

[5] (美)C. 亚历山大. 城市设计新理论[M]. 北京: 知识产权出版社, 2002.

[6] 袁中金, 王勇. 小城镇发展规划[M]. 南京: 东南大学出版社, 2001.

[7] 中国中小城市科学发展评价体系研究课题组. 2010年中国中小城市科学发展评价指标体系研究报告[R]. 2010.

[8] 刘贵利, 詹雪红, 严奉天. 中小城市总体规划解析[M]. 南京: 东南大学出版社, 2009.

[9] 梁雪, 肖连望. 城市空间设计[M]. 天津: 天津大学出版社, 2006.

[10] 吴志强. 百年西方城市规划理论史纲[J]. 城市规划会刊, 2001(2): 9-18.

[11] [日]芦原义信. 外部空间设计[M]. 尹培桐, 译. 北京: 中国建筑工业出版社, 1985.

[12] 格哈德库德斯. 城市结构形态设计[M]. 杨枫, 译. 北京: 中国建筑工业出版社, 2008.

[13] (英)肯尼斯·弗兰姆普敦. 现代建筑——部批判的历史[M]. 原山, 等, 译. 北京: 中国建筑工业出版社, 1988.

[14] 吴良镛. 基本理论、地域文化、时代模式——对中国建筑发展道路的探索[J]. 建筑学报, 2001(36): 6-8.

[15] 赵士修. 城市特色与城市设计[J]. 城市规划, 1988(4): 55-56.

[16] 马武定. 论城市特色[J]. 城市规划, 1990(1): 31-33.

[17] 陈镌. 城市生活形态的延续与完善[D]. 上海: 同济大学博士学位论文, 2003.

[18] (英)F. 吉伯德, 等. 市镇设计[M]. 程里尧, 译. 北京: 建筑工业出版社, 1983.

[19] 刘先觉. 威尼斯·亚得里亚海上的珍珠[J]. 世界建筑, 1988(6).

[20] 彭一刚. 建筑空间组合论[M]. 北京: 中国建筑工业出版社, 2008.

[21] 黄兴国. 城市特色理论与应用研究[M]. 北京: 北京研究出版社, 2004.

[22] 邵益生, 石楠, 等. 中国城市发展问题观察[M]. 北京: 中国建筑工业出版社, 2006.

[23] (美)曼纽尔·卡斯特. 认同的力量[M]. 夏铸九, 黄丽玲, 等, 译. 北京: 社会科学文献出版社, 2003.

[24] (美)凯文·林奇. 城市形态[M]. 林庆怡, 等, 译. 北京: 华夏出版社, 2001.

[25] 王建国. 生态要素与城市整体空间特色的形成和塑造[J]. 建筑学报, 1999(9): 20-23.

[26] 刘增, 林春水. 城市街道景观设计[M]. 北京: 高等教育出版社, 2008.

[27] 田银生, 刘韶军. 建筑设计与城市空间[M]. 天津: 天津大学出版社, 2000.

[28] 张京祥. 西方城市规划思想史纲[M]. 南京: 东南大学出版社, 2005.

[29] 任仲泉. 城市空间设计[M]. 济南: 济南出版社, 2004.

[30] (美) 伊恩·伦诺克斯·麦克哈格. 设计结合自然[M]. 天津: 天津大学出版社, 2006.

[31] 蒋涤非. 城惑•自在的图景[M]. 北京: 中国建筑工业出版社, 2010.

[32] 祝华军. 小城镇特色的形成与培养[J]. 小城镇建设, 2000(9): 48-49.

[33] 周岚, 等. 城市空间美学[M]. 南京: 东南大学出版社, 2001.

[34] 宛素春, 等, 城市空间形态解析[M]. 北京: 科学出版社, 2004.

[35] 齐康, 等. 城市建筑[M]. 南京: 东南大学出版社, 2001.

[36] 王彦辉. 走向新社区[M]. 南京: 东南大学出版社, 2003.

[37] (日)芦原义信. 街道的美学[M]. 尹培桐, 译. 武汉: 华中理工大学出版社, 1989.

[38] RobKrier. UrbanSpaee[M]. NewYork: Rizzolipress, 1991.

[39] K. Lynch. A thoery of Good City Form[M]. Cambridge: MIT Press, 1981.

[40] G. Z. Brown. Sun, Wind&Light: Architeeturaldesignstrategies[M]. John Wiley&Sons, 2000.

[41] 赵士修. 城市特色与城市设计[J]. 城市规划, 1998(4): 55-56.

[42] 吕斌. 国外城市设计制度与城市设计总体规划[J]. 国外城市规划, 1998(4): 2-9.

[43] (美)凯文·林奇. 城市形态[M]. 项秉仁, 译. 北京: 华夏出版社, 2001.

[44] 金广君, 张昌娟, 戴冬晖. 深圳市龙岗区城市风貌特色研究框架初探[J]. 城市建筑, 2004(2): 75-81.

[45] 陈秉钊. 人性化城市与特色. 广州讲座, 2011.

[46] R. VarkkiGeorge, 金广君. 当代城市设计诠释[J]. 规划师, 2000, 16(6): 98-103.

[47] 卢济威. 新时期城市设计的发展趋势[J].上海城市规划, 2015(1).

[48] 韩林飞. 让每个城市都独一无二[N]. 人民日报, 2016-1-14(5).

[49] 韩林飞. 以城市群建设引领新型城镇化[N]. 人民日报, 2016-4-5(5).

[50] 韩林飞. 行走城市街道——体验人文关怀[N]. 人民日报, 2016-4-26(5).

[51] 韩林飞. 在特色小镇中留住乡愁[N]. 人民日报, 2016-11-1(5).

[52] 韩林飞, 江畔. 中小城市的城市特色与城市风貌初探[J]. 中华建筑, 2011(11): 160-164.

图片索引

第二章

第三章

http://pic2.nipic.com/20090505/2135627_102821011_2.jpg

图3-9 无差别城镇

http://www.juntoo.com/upload/1686157705_1269415794.jpg

图3-10 具有鲜明特色的古老城楼

http://img5.nipic.com/2009-01-13/2009113231328563_1.jpg

图3-11 济南老火车站被拆除前

http://hiphotos.baidu.com/derris/pic/item/c989bb22720e0cf3bd9820590a46f21fbf09aa04.jpg

图3-12 襄樊的古城墙被拆毁

http://t1.baidu.com/it/u=1069873626,2228972547&fm=0&gp=0.jpg

图3-13 故宫

http://www.nipic.com/show/1/49/cee6c8cb9955eccc.html

图3-14 江南小镇西塘

http://upload.17u.net/uploadpicbase/2011/12/05/aa/2011120514390115006.jpg

图3-15 美丽的小镇婺源

作者自摄

图3-16 中国传统的民居

http://www.l99.com/EditText_view.action?textId=1239267

图3-17 千篇一律的现代城市

http://www.kaokaoqiang.com/upload/attachments/month_0809/20080917_b6e771ee873fcea55e26Rh
tx9ojVvI87.jpg

第四章

图4-1 希波丹姆模式

http://o.quizlet.com/i/mIV3h7w8JcbN6FFU61KCCw_m.jpg

图4-2 见于《周礼考工记》

图4-3 柏林的柏林墙

http://www.chinadaily.com.cn/hqgj/images/attacheement/jpg/site1/20120814/001ec95b71aa1193ed82
3d.jpg

图4-4 罗马的万神庙

http://arch.hzu.edu.cn/upload/2007_03/07031617147798.jpg

图4-5 南京的夫子庙

http://pic21.nipic.com/20120609/9430589_083832459172_2.jpg

http://www.archdaily.com/

图4-38　促进滨水新区的建设

http://www.archdaily.com/

图4-39　保留河道的自然形态

http://clickholidays.com.br/wp-content/flagallery/Click_Holidays_Show/thumbs/thumbs_click-
　　holidays-15.jpg

图4-40　规划河道的滨水绿带

http://att2.citysbs.com/hangzhou/image1/2010/04/22-09/middle_20100422_a4111f577eec807cf10fJf
　　KQGK9CZWBV.jpg

图4-41　开放的绿地形态

作者自摄

图4-42　多层次的生态格局

http://pic15.nipic.com/20110703/2707401_175958450000_2.jpg

图4-43　多层次的山地系统

作者自摄

图4-44　历史悠久的山地城镇

Armando　Sichenze,CITTA-NATURA•NATURE-CITY　INbASILICATA,1999，69

图4-45　塑造完善的山地景观特色

Armando　Sichenze,CITTA-NATURA•NATURE-CITY　INbASILICATA,1999，69

图4-46　保存植被的完整性

http://yn.people.com.cn/NMediaFile/2012/0213/LOCAL201202131102000109937244776.jpg

图4-47　融于山体中的六甲集合住宅

http://www.ldm.lt/naujausiosparodos/Naujparimages/namai1.jpg

图4-48　六甲集合住宅俯瞰图

http://data.co188.com/data/drawing/img640/6458208512905.jpg

图4-49　瑞士小镇英格堡（1）

http://img.blog.163.com/photo/fiAjZ0D7B801fWjE5Vyk9A==/5651173107420403497.jpg

图4-50　瑞士小镇英格堡（2）

http://www.xfwed.com/images/imagesfolder/201208/2012-08-09-11-17-29.jpg

图4-51　意大利小镇马泰拉（1）

作者自摄

图4-52　意大利小镇马泰拉（2）

作者自摄

图4-53 建造在山顶洞穴中的城镇建筑

http://www.decimage.com/wp-content/uploads/2010/12/VF14.jpg

图4-54 山西明清古民居

http://www.cctv.com/history/20041104/images/101809_m5.jpg

图4-55 浙江南浔古镇

http://www.kuuyoo.com/uploadimages/Uploadfile/24f8e65cca99830a.jpg

图4-56 城镇中的街道，意大利小镇马泰拉

作者自摄

图4-57 城镇中的广场，意大利小镇马泰拉

作者自摄

图4-58 米兰的广场（1）

图片来源于都市筑景建筑设计研究院

图4-59 米兰的广场（2）

图片来源于都市筑景建筑设计研究院

图4-60 城镇中的标志性建筑

作者自摄

图4-61 城镇中的景观广场

作者自摄

图4-62 意大利小镇维罗纳的纪念性建筑

Armando Sichenze,CITTA-NATURA·NATURE-CITY INbASILICATA,1999，96

图4-63 欧洲小镇街边的环境小品

http://pic19.nipic.com/20120116/1432489_212605711622_2.jpg

图4-64 意大利科莫小镇的雕塑

作者自摄

图4-65 塑造优美的城镇轮廓线

作者自绘

图4-66 凸显城镇特色的轮廓线

http://hiphotos.baidu.com/%B4%F3%CD%AC%B2%DD%B8%F9%B6%F9/pic/item/
    cf6d7136a2e277b0a61e12cf.jpg

图4-67 陕西延川

http://www.cots.com.cn/City/userimgs/3cdf9565bfc3d21c.jpg

图4-68 平遥古城

韩林飞.江畔.中小城市的城市特色与城市风貌初探.华中建筑，2011

图4-84 凸显城镇的活力，意大利小镇拉维罗

作者自摄

图4-85 夜景灯光与古老的地砖材质激发城镇的精神

作者自摄

图4-86 历史保护区的城镇空间

作者自摄

图4-87 人类生活与城镇密不可分

http://travel.ly169.cn/Product/Uploadfiles/201009.jpg

图4-88 城镇的可参与性

作者自摄

图4-89 生活本身构成的城镇特色

作者自摄

图4-90 一条河道

http://img4.chinaface.com/original/2128QXHJLwdJI6uFMEA0acTsR1u48.jpg

图4-91 一条街巷

作者自摄

图4-92 意大利小镇阿尔贝罗贝洛的传统形态

作者自摄

图4-93 阿尔贝罗贝洛的传统建筑屋顶——特鲁里

作者自摄

图4-94 意大利中世纪城镇贝加莫

Armando Sichenze,CITTA-NATURA•NATURE-CITY INbASILICATA,1999，39

图4-95 欧洲中世纪城镇中心

图片来源于都市筑景建筑设计研究院

图4-96 充满迷人魅力的中心轴线和小镇肌理，意大利小镇帕维亚

图片来源于都市筑景建筑设计研究院

图4-97 海德堡鸟瞰图

图片来源于Yandex地图截图，2016年12月

图4-98 坐落于山体之间的小镇

作者自摄

图4-99 欧洲小镇——茵斯布鲁克

http://files.laoqianzhuang.com/forum/201103/20/112951ls716mhc2zgc1fsf.jpg

图4-100 小镇协调的色彩

http://www.sdtv.com.cn/sheying/UploadFiles_4122/200905/20090511153057206.jpg

图5-13 运用多样的手法来进行构造

http://pic.nipic.com/2008-05-12/2008512142227729_2.jpg

图5-14 滨河绿化空间

http://www.china-landscape.net/manager/ewebeditor/uploadfile/201202/20120223114723415.jpg

图5-15 滨河景观带

http://k17s.k6j.cn/in/images/lc333/2009-6-5-12-05-39-2008102323598475_2.jpg

图5-16 滨河广场

http://www.lapointe-arch.com/news/uploaded_images/wetland-copy-778019.jpg

图5-17 河道景观廊道

http://www.sxzys.gov.cn/web/luoyang/image/004.jpg

图5-18 塑造沿河景观道路

http://hiphotos.baidu.com/lvpics/pic/item/58af236d2d4c1a9642169402.jpg

图5-19 塑造沿山步行系统

http://www.cnworld.net/photo/build/1760.jpg

图5-20 塑造城镇的滨河开放空间

http://www.slit.cn/bbs/data/attachment/forum/day_100322/10032220285be240e6cb8b08cf.jpg

图5-21 山体绿地

http://img.pusuo.net/2009-09-12/110615364.jpg

图5-22 塑造滨河特色景观带

http://www.bwvip.com/userfiles/slr2011061506.jpg

图5-23 打造略阳的历史文化特色

http://liaoba.people.com.cn/img/albumimg/201011/1290687977360_n.jpg

第六章

图6-1 北海城镇格局变迁示意图
作者自绘
图6-2 清道光年间北海市区（沙脊街）手绘图
作者自绘
图6-3 北海老街（骑楼街）

http://www.yododo.com/area/photo/013EC2A7C40613F6FF8080813EC18A3E

图6-4 北海疍家棚

http://collection.eastday.com/c/20110415/u1a5841032.html

作者自绘

图6-19　北海城镇风光

http://changsha.80tian.com/subs/lines217402.html

图6-20　滨海先锋城镇示意图

http://news.hz.szhome.com/23278.html

图6-21　城镇营销重大举措

作者自绘

图6-22　城镇结构模式思路

作者自绘

图6-23　城镇特色研究主线解析图

左图：作者自绘

右上图、右下图：http://my.lotour.com/i/zuji/272479/

图6-24　塑造北海市开放流动的公共空间

作者自绘

图6-25　北海城镇空间格局图

作者自绘

图6-26　空间格局示意图

作者自绘

图6-27　北海市景观结构图

左图：作者自绘

右图：作者自摄

图6-28　北海市道路系统规划图

作者自绘

图6-29　北海市道路横断面示意图

作者自绘

图6-30　北海滨海慢行系统图

作者自绘

图6-31　慢行系统规划思路图

作者自绘

图6-32　滨海慢行系统剖面图

作者自绘

图6-33　社区慢行系统规划图

作者自绘

第七章

作者自绘

图8-4　城市意象五要素图

图片来源于[美]凯文·林奇,项秉仁,译.城市形态[M].北京:华夏出版社,2001.

图8-5　SWOT分析模式图

作者自绘

图8-6　城市特色研究框架示意图

作者自绘

图8-7　整体城市特色研究思路示意图

作者自绘

图8-8　城市特色评析方法示意图

作者自绘

图8-9　城市特色分区方法示意图

作者自绘

图8-10　城市特色设计概念示意图

作者自绘

图8-11　重点城区片区构想示意图

作者自绘

图8-12　重点城区骨架构想示意图

作者自绘

图8-13　重点区域范围控制分析图

作者自绘

图8-14　横向空间结构模式分析图

作者自绘

图8-15　纵向空间结构模式分析图

作者自绘

图8-16　重点地块控制导则编制流程图

作者自绘

图8-17　佛罗伦萨山水结合的城市风貌特征

http://www.celiachia.org/wp-content/uploads/2015/01/florence1-1.jpg

图8-18　阿尔卑斯山下的瑞士温根小镇

http://www.9sep.org/wp-content/uploads/2015/01/Wengen-Switzerland.jpg

图8-19　马泰拉的特色窑洞建筑区

http://itphoto980x880.mnstatic.com/sassi-di-matera_7616077.jpg

图8-52　街头环卫设施（2）

http://www.streetfurniturephotos.com/picture/number388.asp

第九章

图9-1　古朴的城镇

http://image.hnol.net/b/2007-10-3/23/2007103233917392.jpg

图9-2　安宁的城镇

http://imgsrc.baidu.com/forum/pic/item/9f471a54bec157dfd1581b9d.jpg

图9-3　塑造有文化内涵的城镇精神

http://hiphotos.baidu.com/%BA%BC%D6%DD%C2%C3%D3%CE%D7%C9%D1%AF/pic/item/
　　be35246f09868efa80cb4a21.jpg

图9-4　继承并发扬我们的传统

作者自摄